江西理工大学优秀学术著作出版基金资助

离子型稀土矿区
土壤氮化物污染机理

刘祖文　张军　著

北　京

冶金工业出版社

2018

内 容 提 要

本书针对离子型稀土矿区土壤氮化物污染问题，介绍了国内外土壤氮化物迁移转化理论、赣南稀土矿区概况、稀土矿区土样采集及分析方法，研发了一套实验装置。同时分析了淋溶条件下土壤中氮化物迁移转化规律以及浸矿剂理化性质、稀土元素对土壤中氮化物迁移转化规律的影响，探究了离子型稀土矿区土壤氮化物污染机理，为离子型稀土高效开采和矿区土壤生态保护与可持续发展、南方离子型稀土矿区土壤氮化物污染防治与土壤复垦、研究无氨技术开采稀土等方面奠定一定的理论基础。

本书可供从事土壤污染防治与复垦领域的矿业工程、环境科学与工程等专业的高等院校师生及企事业单位的科技人员参考阅读。

图书在版编目 (CIP) 数据

离子型稀土矿区土壤氮化物污染机理/刘祖文，张军著 . —北京：冶金工业出版社，2018.2
ISBN 978-7-5024-7737-0

Ⅰ.①离… Ⅱ.①刘… ②张… Ⅲ.①稀土元素矿床—矿区—氮化物—污染防治 Ⅳ.①X53 ②X75

中国版本图书馆 CIP 数据核字 (2018) 第 013243 号

出 版 人 谭学余
地 址 北京市东城区嵩祝院北巷 39 号 邮编 100009 电话 (010)64027926
网 址 www.cnmip.com.cn 电子信箱 yjcbs@cnmip.com.cn
责任编辑 徐银河 王梦梦 美术编辑 吕欣童 版式设计 孙跃红
责任校对 卿文春 责任印制 牛晓波
ISBN 978-7-5024-7737-0
冶金工业出版社出版发行；各地新华书店经销；北京兰星球彩色印刷有限公司印刷
2018 年 2 月第 1 版，2018 年 2 月第 1 次印刷
169mm×239mm；11 印张；2 彩页；183 千字；168 页
68.00 元

冶金工业出版社 投稿电话 (010)64027932 投稿信箱 tougao@cnmip.com.cn
冶金工业出版社营销中心 电话 (010)64044283 传真 (010)64027893
冶金书店 地址 北京市东四西大街 46 号(100010) 电话 (010)65289081(兼传真)
冶金工业出版社天猫旗舰店 yjgycbs.tmall.com
(本书如有印装质量问题，本社营销中心负责退换)

前　言

我国是世界上稀土资源最丰富的国家，素有"稀土王国"之称，总保有储量 TR_2O_3 约 9000 万吨。全国探明储量的矿区有 60 多处，分布于 16 个省（区），而江西省赣南地区稀土储量和产量均占全国 50% 以上。赣南稀土矿属南方离子型稀土矿，开采方法主要是原地溶浸采矿法。原地溶浸就是在不大面积破坏矿区表面植被，不大面积开挖表土和矿石的情况下，将浸出电解质溶液经浅井直接注入矿体，电解质溶液中阳离子将吸附在黏土矿物表面的稀土离子交换解吸下来，形成稀土母液，进而收集浸出母液达到回收稀土的方法。典型的离子吸附型稀土矿原地浸出开采方法所使用的电解质溶液通常是硫酸铵。在稀土开采过程中，由于部分防渗层渗漏、收集系统不完善或部分非法盗采等原因，致使在浸矿开采过程中有大量的氮化物进入到矿区土壤中，从而导致稀土矿区周边土壤中的氮化物不断累积。氮化物在土壤中不断迁移与转化，致使大部分进入水体，对土壤和周边水体均造成较大污染。

作者长期从事市政工程、环境科学与工程和安全科学与工程等方面的科研、教学工作，在离子型稀土矿绿色开采、矿区土壤、水体中氮化物、重金属迁移转化规律研究等方面形成了自身的研究特色，取得了一些研究成果。希望该书的出版能为离子型稀土矿高效开采和矿区土壤生态保护与可持续发展，为南方离子型稀土矿区土壤氮化物污染防治与土壤复垦，为研究无氨技术开采稀土等方面奠定一定的理论基础。

全书共分为 7 章，第 1 章介绍了土壤溶质理论的发展、氮化物迁移转化规律的研究现状及其影响因素；第 2 章介绍了赣南稀土矿山及赣州龙南足洞矿区的基本概况；第 3 章介绍了土壤理化性质和土壤氮化物的分析测定方法；第 4 章介绍了实验装置的研制；第 5 章介绍了淋溶条件下土壤中氮化物迁移转化规律；第 6 章介绍了浸矿剂理化性质对土壤中铵态氮迁移转化规律的影响；第 7 章介绍了稀土元素对土壤中氮化物迁移转化规律的影响。

本书内容涉及的课题得到了国家自然科学基金项目（离子型稀土矿区土壤中氮化物迁移规律及转化机理研究，项目编号：51464014）的资助。主要工作依托江西省环境岩土与工程灾害控制重点实验室开展。研究工作还得到了南方稀土集团龙南足洞矿区，以及江西理工大学市政工程系各位老师和有关专家的悉心指导和帮助，在此一并表示衷心的感谢。

在本书所讲的研究项目实施过程中，江西理工大学硕士研究生朱强、张念、温春辉、徐春燕、张军和杨秀英做了大量的工作，付出了辛勤的汗水，也取得了较大的收获，他们攻读硕士学位期间的部分研究成果也反映到相关内容中，在此一并致以诚挚的谢意。

本书由江西理工大学优秀学术著作出版基金资助出版，在此对江西理工大学在各方面提供的支持和帮助表示感谢。

由于离子型稀土矿区土壤和周边水体中氮化物的迁移转化过程极为复杂，影响因素非常多，相关研究工作还在深入进行中，囿于学术水平，书中难免有不妥之处，敬请读者不吝指教。

作　者
2018 年 1 月

目　　录

1　绪论 ……………………………………………………………… 1

　1.1　背景 ………………………………………………………… 1

　1.2　国内外研究现状 …………………………………………… 2

　　1.2.1　土壤溶质迁移理论的发展 …………………………… 2

　　1.2.2　一般土壤中氮化物迁移转化规律 …………………… 3

　　1.2.3　稀土矿区土壤中氮化物迁移转化规律 ……………… 5

　　1.2.4　土壤氮化物的去向途径 ……………………………… 6

　　1.2.5　影响氮化物迁移转化的因素 ………………………… 7

2　赣南稀土矿区概况 …………………………………………… 12

　2.1　赣南稀土矿区自然概况及地质水文条件 ……………… 12

　　2.1.1　赣南稀土矿区自然概况 ……………………………… 12

　　2.1.2　区域地质地貌条件 …………………………………… 14

　2.2　赣州龙南足洞矿区概况 ………………………………… 14

　　2.2.1　赣州龙南足洞矿自然概况 …………………………… 15

　　2.2.2　赣州龙南足洞矿采选工艺 …………………………… 15

　2.3　赣南稀土矿区氮化物污染现状 ………………………… 19

　2.4　赣州龙南足洞矿区氮化物污染分布调查 ……………… 21

　　2.4.1　赣州龙南足洞矿区地表水氮化物污染分布调查 …… 21

　　2.4.2　赣州龙南足洞矿区土壤氮化物污染分布调查 ……… 25

3　稀土矿区土样采集及其分析方法 ………………………… 32

　3.1　土样采集、处理及储存 ………………………………… 32

3.2 土壤理化性质测定方法 …………………………………………… 32

　3.2.1 土壤含水率的测定 ………………………………………… 32

　3.2.2 土壤 pH 值的测定 ………………………………………… 33

　3.2.3 土壤有机质的测定 ………………………………………… 33

3.3 土壤理化性质分析 …………………………………………………… 34

　3.3.1 土壤含水率分析 …………………………………………… 34

　3.3.2 土壤 pH 值分析 …………………………………………… 35

　3.3.3 土壤有机质分析 …………………………………………… 35

3.4 土壤氮化物（氨氮、硝氮、总氮）分析测定方法 …………… 36

3.5 稀土土壤主要成分分析 …………………………………………… 37

4 实验装置的研制 ……………………………………………………… 39

4.1 技术领域 ……………………………………………………………… 39

4.2 装置研制背景 ………………………………………………………… 39

4.3 装置介绍 ……………………………………………………………… 39

4.4 装置的创新性 ………………………………………………………… 41

4.5 装置可行性验证 ……………………………………………………… 43

5 淋溶条件下土壤中氮化物迁移转化规律 ……………………… 46

5.1 植被和降雨对土壤中氮化物迁移转化规律的影响 ………… 46

　5.1.1 研究方法 …………………………………………………… 46

　5.1.2 稀土矿土壤中氮化物含量的时间分布特征 …………… 49

　5.1.3 稀土矿土壤中氮化物含量的空间分布特征 …………… 59

　5.1.4 降雨量对氮化物淋溶的影响 …………………………… 66

　5.1.5 植被对氮化物淋溶的影响 ……………………………… 66

5.2 酸雨条件下土壤中氮化物迁移转化规律 …………………… 67

　5.2.1 实验方案 …………………………………………………… 67

　5.2.2 实验结果与分析 ………………………………………… 68

5.3 土壤中氮素运移机理分析 ……………………………………… 84

　　5.3.1　溶质在土壤中的运移理论 ……………………………… 84

　　5.3.2　溶质运移方程的建立 …………………………………… 85

　　5.3.3　土壤中氮素运移方程的建立 …………………………… 86

6　浸矿剂理化性质对土壤中铵态氮迁移规律的影响 …………… 88

　6.1　铵态氮吸附性能 …………………………………………… 88

　　6.1.1　实验方法与步骤 ………………………………………… 88

　　6.1.2　结果与分析 ……………………………………………… 89

　　6.1.3　吸附剂的表征结果 ……………………………………… 99

　6.2　铵态氮迁移规律 …………………………………………… 101

　　6.2.1　铵态氮迁移及形态分析 ………………………………… 101

　　6.2.2　pH 值对土壤中铵态氮迁移转化规律的影响 ………… 103

　　6.2.3　浓度对土壤中铵态氮迁移规律的影响 ………………… 108

　　6.2.4　浸液速度对土壤中铵态氮迁移转化规律的影响 ……… 112

　6.3　铵态氮迁移机理分析 ……………………………………… 116

　　6.3.1　土壤中硝态氮含量变化 ………………………………… 116

　　6.3.2　铵态氮迁移机理 ………………………………………… 118

　6.4　铵态氮迁移拟合预测分析 ………………………………… 121

　　6.4.1　不同 pH 值对土壤中铵态氮垂直迁移转化的影响 …… 122

　　6.4.2　不同浸液速度对土壤中铵态氮随高度迁移的影响 …… 123

　　6.4.3　不同初始浓度对土壤中铵态氮随高度迁移的影响 …… 125

　6.5　浸矿剂理化性质对稀土浸出率的影响 …………………… 127

　　6.5.1　pH 值的影响 …………………………………………… 128

　　6.5.2　速度的影响 ……………………………………………… 130

　　6.5.3　浓度的影响 ……………………………………………… 132

7　稀土元素对土壤中氮化物迁移转化规律的影响 ……………… 135

　7.1　内源性稀土元素对土壤中氮化物迁移转化的影响 ……… 135

　　7.1.1　试验设计 ………………………………………………… 135

7.1.2　结果与分析 ……………………………………… 135

7.2　外源性稀土元素对土壤中氮化物迁移转化的影响 …………… 138

　　7.2.1　试验设计 ………………………………………… 139

　　7.2.2　数据分析 ………………………………………… 139

　　7.2.3　结果与分析 ……………………………………… 139

　　7.2.4　双因子方差分析 ………………………………… 152

7.3　稀土元素与氮化物的作用分析 ……………………………… 157

　　7.3.1　混培实验设计 …………………………………… 157

　　7.3.2　结果与分析 ……………………………………… 157

　　7.3.3　土壤表征分析 …………………………………… 158

　　7.3.4　机理分析 ………………………………………… 159

参考文献 ……………………………………………………………… 161

附　　录

1

绪　　论

1.1　背景

　　我国是世界上拥有稀土资源最多的国家，享有"稀土王国"的美誉，目前已探查可开采矿区有 60 多处，遍布于 16 个区市，而江西省赣南地区稀土储量居全国之最，占全国稀土储量的 50% 以上[1]。赣南的稀土矿属离子型稀土矿，40多年来，其先后经历了池浸、堆浸和原地浸矿三代开采工艺。其中，池浸和堆浸工艺原理相似，均需剥离矿区表层土壤和植被，对矿体进行开挖，并将开挖后的矿土堆放在铺有塑料薄膜的浸堆场中，再向矿堆中倒入浸取剂硫酸铵溶液进行离子交换吸附，通过收集稀土母液来回收稀土。由于这两种工艺会较大面积破坏土壤生态环境，并产生大量的挖矿土和尾砂，现已逐步禁止使用[2~4]。取而代之的是原地溶浸采矿法，被认为是目前最环保的矿山开采方式，其特点是稀土回收率较高，且无需采动矿体，只需在矿区表面开挖一些注液井和交换液收集井，然后将浸出电解质溶液硫酸铵经浅井直接注入矿体，电解质溶液中阳离子将吸附在黏土矿物表面的稀土离子交换解吸下来，稀土离子则进入土壤溶液中，并随流向下迁移逐渐流出[5,6]。在稀土开采过程中，尽管做了人造挡板和防渗层等技术处理，但效果并不十分理想，仍会有一定数量的浸矿剂进入矿区土壤和地下水中，在降雨的冲刷和淋溶作用下，这些含氮化合物会携带重金属离子和稀土向深层土壤迁移和转化，最终进入下游水体，给矿区周边土壤和水体均造成较大污染。根据当地环保、水文等部门监测数据，作为稀土资源重点开发的赣南地区的龙南县、定南县、赣南县等的部分矿区土壤、地下及地表水体中氮化物超标尤为严重。经实验室对赣南龙南足洞稀土矿区矿山周边土样的测定发现：尾矿附近的池塘氨氮含量为 100~200mg/L，远远超出农作物适宜生长所需 25mg/L 的含量，从而导致矿区土壤及周边地表地下水体尤其是地下水氮化物污染严重。经监测显示，其污染组分主要有氨氮、硝酸盐氮、亚硝酸盐氮、硫酸盐等，其中氨氮高达 161.3mg/L，硝酸盐氮高达 266.2mg/L，远远超过 V 类水质标准（氨氮 0.5mg/L、硝酸盐氮 30mg/L），水质很差，无法满足饮用要求，并对矿区周边饮用水体造成严重威胁[7]。

数十年来，国内外众多学者对氮类化合物在土壤层及地下水中的运移及转化规律进行了较为系统的研究，借助于各种室内试验、野外调查监测及数理分析等手段，取得了较好的研究成果。目前我国对氮类化合物在一般土壤中的分布特征及转化规律的研究多是通过外施氮肥，并定期对土壤分层取样，对土壤及作物根系形成的一个协作系统进行具体理论分析并建立数学模型研究，但由于这些数学模型分别设定了不同的适用条件，因而不能被广泛参考。针对含离子型稀土元素的特殊矿区土壤中氮化物迁移与转化方面的研究，目前还存在不足之处，仍然没有形成较完整的研究理论和成果用于指导实践，且大部分研究都集中在添加外源性稀土元素方面，对南方离子型稀土元素矿区土壤中氮化物迁移转化研究不多但又十分有必要。目前专门针对内源稀土元素中氮化物污染方面的研究，包括学者对一般土壤中氮化物影响机理及理论进行深入研究等方面报道均不多，相关研究成果仍然匮乏。

1.2 国内外研究现状

1.2.1 土壤溶质迁移理论的发展

溶质迁移理论是近 50 年兴起的一门新兴学科。1952 年，Lapidus 和 Amundson 提出了一个类似于对流-弥散方程（CDE）的模拟模型，由此揭开了溶质运移研究的序幕。1954 年，Scheidegg 和 Lapidus 在把方程扩张到三维情况和流场为均质稳态流的条件下，同时考虑了溶质迁移时的水动力弥散作用，推导出反映溶质迁移的概率密度函数，使溶质迁移理论的研究向前推动了一步。1956 年，Rifai 在 Scheidegg 的研究基础上，进一步考虑了溶质迁移的分子扩散作用，并引入了

"弥散度"的概念，使溶质迁移转化理论的研究更加深入。1960 年，Nielson 系统地论述了 CDE（对流-弥散）方程的科学性和合理性，在溶质迁移转化的研究史上，具有里程碑意义。随后国内外学者为了更好地了解溶质迁移的客观规律，进行了大量的室内模拟实验和室外现场监测的研究。

现在普遍认为土壤溶质迁移理论有土壤溶质迁移几何理论、对流弥散理论和质量传递函数模型三种[8]。为了定量描述土壤溶质迁移规律，很多学者建立了溶质迁移的定量计算模型，概括起来可分为确定性模型、随机模型和简化模型三种类型[9,10]。早期的研究多以 CDE 为控制方程的确定性模型来模拟土壤中的溶质迁移规律，取得了很大成果，但是由于土壤的空间变异性，如土壤空隙分布的不均匀性、水动力弥散系数的不确定性，空隙含水率的不同，在实际生产研究的过程中，实际测量出来的数据和理论值是有一定差异的，所以 Jury 提出了随机模型，但是此方法同样忽视了系统中诸多因子的联合作用的影响[11]。

我国对溶质迁移的研究起始于 20 世纪 80 年代，主要是针对农业环保部门开展，研究较多的是植物生长所需元素、重金属以及有机农药在土壤与作物中的迁移转化和最终归趋。此后叶自桐[12]运用此理论研究了潜水和非饱和带中的水盐运动的问题。张蔚臻等人[13]首次用数值模型来预报区域水盐，使我国的区域水盐运动研究进入了一个全新的发展阶段。

近年来，随着计算机的广泛应用和观测手段的进一步完善，对溶质迁移函数模型的研究有了由单一条件到多因素条件下溶质迁移和非均质条件下溶质迁移的发展，研究的重点是溶质迁移过程中某种物质在溶液或土壤中的传输转化和特定运移因子对溶质的影响[14]。

1.2.2 一般土壤中氮化物迁移转化规律

1.2.2.1 一般土壤中氮化物迁移转化理论

针对一般土壤中氮化物污染问题，国内外学者对其进行了深入细致的研究，取得了较好的研究成果。美国的 Hatfield 教授[15]在露天试验场进行 $2m×2m$ 的微区试验，研究了非饱和土壤中 NO_3^--N 随水流的运移规律。Stevenson 教授等人[16]则对土壤硝化作用下 NO_3^--N 淋失的影响因素、迁移转化动力学和 NO_3^--N 淋失的预防等方面都进行了细致的研究，并取得了较好的研究成果。我国在这方面的研究起步较晚，始于 1976 年，早期的研究主要集中在氮化物的迁移流向等方面。如李久生等人[17]利用室内土柱试验，对施肥条件下滴灌点源硝态氮的分布规律进行了研究，结果表明，硝态氮在距滴头一定范围内分布较为均匀，在边界上则稍有累积。王康等人[18]对节水条件下氮化物污染的环境效应进行了试验，并提出了节水条件下土壤氮化物流失及环境效应评估概念。王飞等人[19]运用室内土柱实验，先研究了氮化合物在不同沉积物的潜流带中迁移转化路径及环境影响行为，接着在土柱顶端添加碳源，研究碳源对氮的迁移转化行为的影响，实验结果表明，氮化物在不同沉积物潜流带的迁移转化路径并不相同，推测主要与土壤介质孔隙率及其有机质含量有关。贺秋芳等人[20]对岩溶区土壤氮化物的迁移过程进行了考察，选取重庆市典型岩溶槽谷区的灌丛和菜园地为研究对象，通过分层取样分析土壤中不同埋深氮化物含量，并用曲线拟合分析氮化物随土壤深度的变化规律，了解岩溶区土壤氮化物的垂直分布情况。李玉庆等人[21]为了解土壤中残留农业面源污染物的迁移转化规律及分布特征，选取郭灌区这个典型灌域为研究区域，并将待研究区段划分为 10 组，通过抽取不同区段不同深度水样并对其进行水质观测和数据处理，分析铵氮、硝态氮以及磷酸盐在土壤垂向剖面上的迁移转化特征。杨毓峰等人[22]则以中国生态系统研究网络 CERN 为研究手段，以武王东沟实验站的坡耕地和塬耕地为供试土壤，研究了黄土高原某旱耕地土壤中氮化物随时间变化在土壤剖面的分布特征。

1.2.2.2 一般土壤中氮化物迁移转化模型及应用

影响土壤中氮化物迁移转化的因素多种多样，各种因素之间的交互作用和复杂程度单靠野外采样监测分析和实验室模拟土柱实验很难说明清楚，为更直观地描述氮化物在土壤中迁移转化机理，科学家们在氮化物迁移转化理论基础上开发并建立了适合不同实验条件的数学模型，并取得了很好的研究成果。

国内方面，冯绍元等人[23]运用二维饱和-非饱和土壤氮化物迁移转化迁移模型对旱作农田在灌溉条件下的化肥流失量进行了计算，但由于设定的时间步长较小，若将其运用于户外长时间氮化物淋失估算，将耗费大量时间，且对计算机本身性能有较高的要求，推广研究尚有一定困难。刘培斌等人[24]则运用对流-弥散方程建立了排水条件下田间一维饱和-非饱和土壤中氮化物迁移与转化的数学模型，该模型考虑了氮化物在土壤中的各种转化形态及土壤对其吸附与解吸作用的影响，也编辑了土壤温度和湿度等条件，并将预测值与实际测量值作了分析和验证。为了定量分析氮化合物在非饱和土壤中的运移与转化过程中的主要影响因素，雷志栋等人[25]通过建立 HYDRUS 数学模型，并运用神经网络预测法对氮化物在非饱和土壤中的迁移进行了模拟，对一维条件下田间非饱和土壤中 NH_4^+-N 和 NO_3^--N 迁移与转化的耦合模型进行了验证。模型综合考虑了氮素矿化、吸附、硝化、反硝化、作物根系吸附等因素，得到的研究理论相对完善。冯绍元等人[26]还在室内试验分析的基础上，根据土壤水分运移动力学原理及多孔介质溶质迁移理论，对一维条件下非饱和土壤中氮化物在土壤层中的分布特征进行了建模，并对土壤中 NH_4^+-N 迁移与转化过程的主要影响因素进行了具体分析，研究成果显著。

目前将氮化物迁移转化模型应用于实际工程的案例有很多，曹巧红等人[27]借助 Hydrus-1D 水氮联合模型对一维非饱和介质中水分及其溶质迁移过程进行了模拟，取得了可观的研究成果。张思聪等人[28]则以 LEACHM 数学模型为媒介，通过一年以上的田间试验，对灌溉施肥条件下根区以下硝态氮的淋流损失各影响因素进行了分析研究。杜恩昊等人[29]对 SWMS-2D 模型进行了初步研究，发现模拟结果与实测值之间的相关性较差，无法长期真实模拟田间土壤氮化物迁移转化规律，推测这是由于田间土壤结构存在较大的时空变异，然而模型中逐日所需的运行参数相对单一。任理等人[30,31]运用 TFM 数理模型对灌溉入渗条件下田间一维非饱和土壤中硝态氮沿土壤剖面的分布特征及运移转化进行了拟合，并由此推算出土壤中硝态氮迁移时间的概率密度函数、硝态分布量均值函数和迁移体积分数，实验期间硝态氮的实际出流浓度值十分吻合，实验运用 TFM 对试验期间硝态氮的累积淋洗量进行了估算，为后续研究奠定了很好基础。黄元仿等人[32]尝试将土壤水分运移方程、热溶质迁移方程、氮运移函数等联合起来模拟模型与地理信息系统（GIS）相结合，将其运用于区域农田土壤水、氮化物行为的模拟计算，取得了一定的研究成果。

1.2.3 稀土矿区土壤中氮化物迁移转化规律

近些年来，稀土在土壤和植物中的残留问题已成为稀土环境问题的研究热点[33,34]，有研究指出外源稀土进入土壤后将很快被吸附和固定[35]，被吸附的稀土很难随土壤迁移[36]，长期的施用使外源稀土不可避免的留在土壤中，对土壤肥力[37]、土壤溶液组成[38]、土壤微生物和酶活性[39~41]产生显著的影响。目前国内外的研究者们就外源性稀土元素对土壤氮形态迁移转化和有效性的影响展开了一系列研究，取得了一定的研究成果。由于攻关起点晚，目前尚没有形成十分完整的研究理论和成果，且大部分都集中在针对添加外源性稀土元素方面，但对实验室研究离子型稀土矿区土壤中氮化物迁移转化规律具有良好的指导意义。

丁士明等人[42]选取合肥市郊区典型的黄褐土进行了研究，通过将混合稀土添加到黄褐土中，设置了旱培和淹水培养两种实验条件，研究内源性稀土元素及向土壤中添加不同质量的外源稀土元素对土壤有效氮形态分布及转化特征的影响，并对影响机制进行了分析探讨。结果表明，在旱培条件下稀土对土壤氮素含量迁移变化量的影响主要体现在土壤的硝化作用上，淹水条件下则主要影响土壤的氨化过程。鲁鹏等人[43]研究了外源稀土对土壤氮养分的影响，结果表明，施加高浓度稀土将会影响土壤中有效氮的浓度。徐星凯等人[44]研究了稀土元素对土壤中尿素水解及其水解产物行为的影响，研究表明，施加大量稀土元素后，土壤有效氮含量明显增加。刘定芳等人[45]研究认为，当外源稀土施入量较大时，土壤有效氮和 NH_4^+-N 含量明显降低，此研究成果有利于内源型稀土土壤方面开展研究。徐芳等人[46]对施用铵态氮肥和尿素土壤中稀土元素含量进行了比较，结果铵态氮肥（硫酸铵）的稀土元素含量是尿素的数倍。司静等人[47]研究了 pH 值和光照条件下镧改性膨润土对农田区河水中氮、磷的去除效果。褚海燕等人[48]实验室研究表明，镧（La）对红壤微生物氮表现为抑制作用，土壤中镧的积累降低了土壤有效氮的含量。这些研究结果表明，外源性稀土元素对土壤中的氮化物迁移、转化具有一定的影响和交互作用，而内源性稀土土壤中氮化物作为污染物就更有研究价值。

1.2.4　土壤氮化物的去向途径

氮化物进入土壤后其去向可分为以下三部分：（1）作为氮肥被植物作物吸收；（2）残留在土壤中被吸收转化为有机氮或者固定态铵盐；（3）通过不同机制和途径损失，如地表径流、渗漏流失或者转化为其他形态氮挥发或损失（见

图1-1）。其中地表径流和渗漏流失是氮化物最主要的损失途径，大量的强降雨会明显地导致地表径流和渗漏流失的增加。

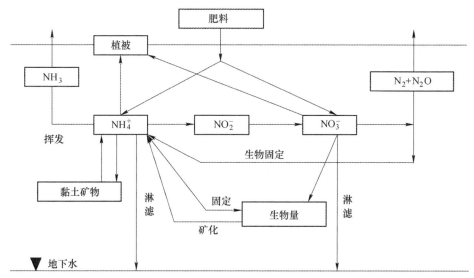

图1-1　氮化物在土壤中迁移转化与流失途径

1.2.5　影响氮化物迁移转化的因素

1.2.5.1　施肥量

大多数学者研究结果显示，氮化物迁移转化的量随施用氮肥施入量的增加而增大，过量施用氮肥会导致土壤中 NO_3^--N 的残存量升高，增大淋溶的可能性。Zeng 等人[49]通过对坡地板栗园氮化物淋溶的研究结果显示，当氮肥施入量为 $94kg/km^2$ 时，总氮淋溶浓度是对照不施肥处理的 5 倍。詹议[50]在同等管理条件下施加不同的肥量发现 NO_3^--N 流失量及流失率均先增加后减小，而且施肥量越多，这种变化趋势也更加明显，相应的 NO_3^--N 流失量及流失率也更大。范丙全等人[51]通过农田小区灌水试验对硝态氮在壤质潮土的淋溶规律进行观察研究发现，硝态氮向下淋溶迁移的量与氮肥用量呈正相关，氮肥用量对硝态氮淋溶起决定性的作用。刘健[52]通过对三种质地土壤氮化物淋溶规律的研究发现硝态氮是氮化物淋溶的主要形式，施肥量和降雨量是影响土壤氮化物淋溶的重要因素，并且氮化物淋溶迁移随着施肥量或降雨量的增加而增大，而且还针对不同类型土壤列出了土壤各深度氮化物淋溶量和施肥量或降雨量之间的回归方程。

同时也有研究结果表明不同施氮量对黏壤土及砂壤土中硝态氮的迁移没有影响[53]。在铵盐（NH_4^+）施入量较低的情况下，由于土壤的负电胶体的性质会吸附带有正电荷的铵根离子，土壤对铵根离子（NH_4^+）的吸附量与铵态氮（NH_4^+-N）加入量呈现很好的相关性，且随着铵态氮（NH_4^+-N）施用量的增加，其吸附率显著下降。当施肥量高时，NH_4^+-N 同样也有明显的淋溶现象发生，在 pH 值低、硝化能力弱的红壤土，施尿素 $750kg/hm^2$ 后，从 20cm 深的土壤中淋溶的铵态氮（NH_4^+-N）最高浓度值可达到 76.94mg/kg。罗微等人[54]认为产生这种情况的原因可能是尿素起初水解产生的铵态氮（NH_4^+-N）大部分被土壤颗粒所吸附，随着尿素的进一步水解以及水分淋洗的进行，土壤颗粒吸附的铵态氮（NH_4^+-N）渐渐趋于饱和，从而越来越多的吸附态氮被交换出来并被带到土体深层。

1.2.5.2　降雨量和灌溉量

土壤中的水分是土壤氮化物淋溶损失迁移运动的载体，同时降雨和灌溉是土壤水分运动的主要动力，氮化物进入土壤后，除一部分被植物吸收利用外，残留在土壤中的氮化物则随着地表水和土壤入渗水流发生淋溶损失。

在降雨和灌溉水的冲刷作用下，土壤和肥料中的氮化物，主要以 NO_3^--N 和 NH_4^+-N 两种可溶性氮盐的形式淋溶到土壤下层。Zhang 等人[55]对内蒙古草原氮化物矿化作用的研究显示，土壤含水量高时，氮化物硝化作用强烈；当土壤含水量低于 15% 时，硝化作用受到抑制。研究结果指出，土壤含水量升高后，土壤中的微生物活性增强，能够促进有机物的分解，增加土壤中铵根离子浓度以促进硝化作用的进行，同时也使得硝酸根离子快速淋溶并提高了反硝化作用，但是总体作用使土壤氮化物的淋溶量增加[56]。

有研究发现大规模的降雨或者过量灌溉导致土壤氮化物大量淋溶损失，土壤下层转移的现象明显。如 Singh 等人[57]发现间隔较长的高水量灌溉可导致大量硝态氮未被作物利用而从根区土层淋溶损失。王兴武等人[58]通过田间小区试验发现，集中、大量的降雨或过量的灌溉对硝态氮垂直运移具有明显的推动作用，高水处理的土壤溶液硝态氮浓度最高值出现的深度，要比低水处理深约 40cm，达到了 100cm，这无疑增加了硝态氮淋溶损失的潜在风险。

张亚丽等人[59]采用室内模拟降雨试验对黄绵土土壤矿质氮化物流失和入渗的变化动态进行了研究，发现水分的运动是土壤氮化物迁移的主要驱动力，密集且高强度的降雨导致土壤水分下渗能力增强，土壤矿质氮化物淋溶量相应增大，对硝态氮垂直运动的能力有显著的促进作用。吴希媛等人[60]采用模拟降雨的试验手段对不同降雨强度下坡地氮化物流失特征进行了研究，发现在降雨过程中随着降雨强度的增加，氮化物流失浓度和流失总量都会相应增加，在植被覆盖度较小时，降雨强度对氮化物流失浓度和流失总量起决定作用。也有研究表明适宜的灌溉不会造成 $NO_3^- -N$ 的淋溶，Allaire[61]通过对美国加州地区喷灌条件下壤质砂土中硝态氮含量连续两年的研究结果显示，在土壤含水量达到 8%～10% 的情况下，每次约 55mm 喷灌不会造成硝态氮的淋溶。Aronsson 等人[62]通过在土柱中种植篙柳后对不同灌溉施肥处理下 $NO_3^- -N$ 在土壤中的积累的研究也显示，灌溉量对 $NO_3^- -N$ 淋溶的影响不大，同时分析造成此现象的原因是当土壤田间持水量低时，灌溉可以增加土壤中植物的生产量，促进植物根系对氮化物的吸收从而抑制了 $NO_3^- -N$ 淋溶。

1.2.5.3 土壤特性

在室外开放的环境条件下，影响土壤中氮化物迁移的因素有很多，例如土壤的酸碱度、土壤湿度、土壤中微生物的含量、土壤温度、土壤类型和土壤的含氧量等。其中土壤类型及其颗粒组成决定着土壤的含水量，在一定程度上影响着土壤中的氧气含量和微生物的氨化、硝化和反硝化作用，是影响土壤中氮化物迁移转化的内因。土壤质地会影响到氮化物在土壤中的移动速率，黏粒量的高低影响了 $NH_4^+ -N$ 的吸附和土壤对水的固持能力[63]。

黏土矿物带有负电荷，其一般主要集中在黏粒和细粉砂级分中，因而黏粒和细粉砂含量越多的土壤固定铵的能力越强。土壤固定铵的能力随土壤 pH 值的升高而增大。此外，由于硝化过程中自养硝化细菌在 pH 值为中性和弱碱性条件下生长和代谢最旺盛，在此条件下可以造成土壤中硝态氮累积，可见适宜的土壤酸、碱性也为农田氮化物尤其是硝态氮的大量淋溶损失提供了适应条件。Zhou[64]在不同土壤类型和不同灌溉方式的水平下的分组试验发现，沙壤土中氮化物淋溶量占施氮量的 16.2% ~ 30.4%，而在黏壤土中这一比例仅为 5.7% ~ 6.9%，说明氮化物在土壤颗粒粒径大、通透性好的土壤更易发生淋溶。同时也有研究结果表明，在粗质地土壤上硝态氮的淋溶比细质地土壤严重[65]。对施入氮肥的保持能力因土壤类型不同而有所差异，氮化物在砂质土壤中的淋失速率和淋洗量要明显大于在黏壤土的速率，说明在砂壤土地区应更重视土壤水分和养分的调节控制。土壤质地是影响土壤含水率、孔隙度和土壤有机质分解速度的最主要的因素，进而影响土壤硝化和反硝化作用的强弱程度[66]。Bergström 等人[67]对不同质地农田土壤的田间氮化物淋溶试验的研究结果显示砂土中有机质含量高时，其 NO_3^--N 的淋溶量与黏土相当。土壤的黏粒含量和有机质含量越高，土壤对各种离子的吸附能力越强，因此在黏性土壤中增施有机肥可以提高肥料利用率，延缓养分释放过程，还能起到减轻土壤氮化物淋溶损失的作用[68]。但是也有研究表明秸秆还田技术可以增加土壤中的有机物，改善贫瘠土壤，但是却可以增加氮化物的淋溶，这是由于秸秆还田配施氮肥可显著升高土壤淋溶水体积，将作物秸秆粉碎翻耕入土，改变了土壤的物理结构，增大了土壤总孔隙度，致使土壤水流沿土壤大孔隙下渗，有利于土壤中大量氮化物发生淋溶损失[69]。

1.2.5.4　植被系统

植被种植种类及其覆盖状况不但影响着地表水分的分配情况，而且也是影响氮肥吸收的重要因素。植被的蒸腾作用和吸收溶解于水中的养分可以有效地减少水分和肥料养分的向下渗漏，且长根系、须根系的植物比短根系、直根系的植物更能充分地吸收养分而减少氮素的淋失。Bergström 等人[70]对可耕牧草地进行连续 5 年以上轮作试验发现，长期轮作有利于保持土壤氮化物，从而减少因施用氮肥引起的氮化物淋溶损失。王西娜等人[71]利用黄土高原南部有大量氮化物残留的田块研究了夏季多雨季节种植方式对土壤水分与氮化物淋移的影响，发现相同降雨条件下种植作物与不种植作物的土壤相比，能有效防止硝态氮向下层土壤的运移。宋海星等人[72]通过研究玉米根系养分吸收对土壤中硝态氮分布的结果显示，根系发育状况影响着硝态氮在土壤中的分布，主茎 0 ~ 10cm 范围内土壤中硝态氮含量的变化趋势是由远到近逐渐降低。

Kai K[73]的研究显示，土壤中栽种植物时，由于植物对氮化物的吸收使得硝态氮与施肥量之间并不是线性相关的，当施肥量小于作物对养分的吸收量时，仍会有淋溶作用发生，但当超过正常施肥量，土壤硝态氮的水平随施氮量增加线性增加。郭建华等人[74]对北方自然降雨情况下，玉米生育期间的氮化物淋溶的研究显示，在北方地区氮肥用量小于 225kg/hm²，基本不发生硝态氮的淋溶；施氮量大于 225kg/hm² 时，0~40cm 土层硝态氮含量明显增加；施氮量超过 300kg/hm² 时，50cm 的土层硝态氮的累积达到最大值。

赣南稀土矿区概况

2.1 赣南稀土矿区自然概况及地质水文条件

2.1.1 赣南稀土矿区自然概况

2.1.1.1 地理位置

赣南，顾名思义，江西的南部，处于东南沿海地区向中部内地延伸的过渡地带，在东经113°54′~116°38′、北纬24°29′~27°09′之间，总面积3.94万平方千米，下辖19个县（市、区）。赣南因其丰富的有色、稀有金属矿等矿产资源，被誉为"世界钨都"和"稀有金属不稀有"。赣南钨已探明的储量占世界第一，离子型稀土探明储量居全国第二。

2.1.1.2 地势

赣南地区地貌以丘陵、山地为主，占全区土地面积的83%。武夷山、雩山及九连山、大庾岭等山脉在地区周围环绕分布和伸展走向形成四周高中间低、南面高北面低的地貌骨架。

赣南地区的平均海拔高度在300~500m，有海拔千米以上山峰450座，最高峰为崇义、上犹与湖南省桂东3县交界处的齐云山鼎锅寨，海拔为2061m，最低处的赣县湖江镇张屋村则只有82m。

2.1.1.3 气候条件

赣南属中亚热带南缘，具有典型的亚热带湿润季风气候特点，气候温和，光照充足，雨量丰富，无霜期长，年平均气温 18.9℃，年平均无霜期 287 天，年平均降雨量 1587mm，这些都是赣南地区农业发展的有利条件。但是，赣南汛期 4~6 月的降雨量为 700mm，而晚秋季枯水期 9~11 月的降雨量仅为 203mm，这些旱、涝等不利的气候因素又会影响农业的生产。

2.1.1.4 水资源条件

赣南地区位于赣江上游，是珠江支流东江的发源地之一。境内大小河流分布密集，河流流域面积为 1449km²，总长度超过 16000km，平均每平方千米存在河流长度为 0.42km。多年年均水资源量为 335.7 亿立方米，人均占有量为 3900m³，远远高出全国的人均占有量。赣南地区属于富水区。在水资源中，地表水资源储备量为 327.53 亿立方米，地下水资源可动量为 79.13 亿立方米，占河川径流量的 24.46%，其丰富的水资源条件导致暴雨洪水成为赣南地区主要的自然灾害。

赣南地区的诸多细小支流汇聚成上犹江、章水、梅江、琴江、绵江、湘江、濂江、平江、桃江 9 条较大支流。其中由上犹江、章水汇成章江；其余 7 条支流汇成贡江；章贡两江在章贡区相汇而形成赣江，北入鄱阳湖，属长江流域赣江水系。另有诸多支流分别从赣州南部地区流入珠江流域东江、北江水系和韩江流域梅江水系。赣南地区内各河支流，上游分布在赣南南、东、西部边缘的山区，河道纵坡角度大，水流湍急；中游进入山区丘陵地带，河道纵坡较平缓，大量泥沙于此沉积下来形成宽度不一的冲积平原。

2.1.1.5 土壤条件

赣南地区土质以红壤土为主，约占 56%；黄壤土次之，约占 10%；剩下的为水稻土、石灰土等。红壤土主要由花岗岩风化发育而成，主要分布于赣南东部地区，兴国、于都、宁都、瑞金、赣县等市县比较集中连片。整个土层中夹有多量石英砂和砾石，质地粗糙，漏水漏肥，是江西省严重的水土流失区，但含钾量高。而由千枚岩、板岩、片麻岩等变质岩上发育形成的红壤，质地黏细，自然肥力较高，主要分布在高丘和山区。黄壤主要分布于中山山地中上部海拔 700 ~ 1200m 之间。土体厚度不一，自然肥力一般较高，很适于发展用材林和经济林。水稻土由各类自然土壤水耕熟化而成，为赣州市主要的耕作土壤，广泛分布于市内山地、丘陵、谷地及河湖、平原阶地，占全省耕地总面积的 80% 以上。石灰土零星见于瑞金、南康、全南、龙南、崇义等县市的石灰岩山地丘陵区，一般土层浅薄，大多具有石灰反应。

2.1.2　区域地质地貌条件

2.1.2.1　地质条件

　　赣南地区地处华南褶皱系之万洋山–诸广山拗褶断带与武夷山隆褶断带。早古生代以前，处于北部扬子古板块与南部华夏古板块之间，表现为由华夏古板块的向洋拼合而增生，形成了巨厚的以硅铝质为主的碎屑岩建造；晚古生代，主要为块体内凹陷沉降，在内部洼地有限地接受海相、陆内湖泊–沼泽相碳酸盐、碎屑沉积；中生代以来，受太平洋板块的强烈俯冲，板块与块体的作用加强，挤压隆起和拉张断陷时断时续，形成极其丰富的钨锡多金属矿产。

　　全区属新华夏系第二隆起带上的一个次级构造。区内地层有前寒武与寒武系、白垩系、侏罗系、第四系、石炭系、泥盘系、二迭系和岩浆系，以前寒武–寒武与寒武系为多，岩浆岩次之。地势如掌，四周高中间低，自东南向西北逐渐倾斜。

2.1.2.2　地貌条件

　　赣南地区地貌复杂，有冲击的平原、堆积的岗地，更多的是大小不等的盆地、高低不平的丘陵和绵延的山地等。周高中低的赣南地区，其大致分布为西部中、低山构造剥蚀地貌。南部低山、丘陵构造剥蚀地貌；中部丘陵河谷侵蚀堆积地貌。东北部低山、丘陵构造剥蚀地貌；溶蚀侵蚀地貌是由灰岩组成的岩溶丘陵地貌，主要分布在于都的梓山及银坑、瑞金的云石山、会昌的西江等地。

2.2　赣州龙南足洞矿区概况

　　江西省龙南县足洞稀土矿区是典型的重稀土配分型稀土矿，属南方离子型稀土矿,富含钇、镝、钆、铒等稀土元素,平均品位约为 0.0868%,最高品位达 0.6100%,矿块品位同全山品位比较,其变化系数在 35%~40% 之间,其中轻稀土占 7% 左右,中稀土占 8% 左右,重稀土含量为 85% 左右。

2.2.1 赣州龙南足洞矿区自然概况

足洞矿区位于江西省赣州市龙南县,处于中纬度偏南地区。东邻定南,西靠全南,北毗信丰县,南接广东省和平县、连平县。距县城远,矿区面积 34.7km²。区内主要为低山丘陵地形,沟谷发育,海拔标高一般在 250~410m,相对高差在 50~100m 之间。足洞矿是一类以重稀土为主的稀土矿,被列为国家高技术研究发展计划(863 计划)项目工程实验基地,已有 5 年以上的开采历史。矿区地理位置如图 2-1 所示。

图 2-1 足洞矿区地理位置(彩色图参见附录图 1)

2.2.2 赣州龙南足洞矿采选工艺

赣州龙南足洞矿属于风化淋积型稀土矿,根据风化壳淋积型稀土矿中的稀土以离子相稀土为主的特点,我国科技工作者进行了长期的研究和实践,开发出采用电解质水溶液进行离子交换浸出稀土的方法,并逐步发展成三代浸出稀土工艺。

2.2.2.1 第一代浸出工艺——池浸工艺

第一代浸出工艺为氯化钠浸出稀土工艺。起初是采用氯化钠桶浸,后逐步发展为池浸，工艺流程如图 2-2 所示。氯化钠浸出工艺的优点是采用食盐作浸矿剂原料价格便宜、来源充足；用草酸作沉淀剂既可析出稀土又能实现与伴生杂质（如铝、铁、锰等）的分离，工艺流程短、回收率和产品质量较高。

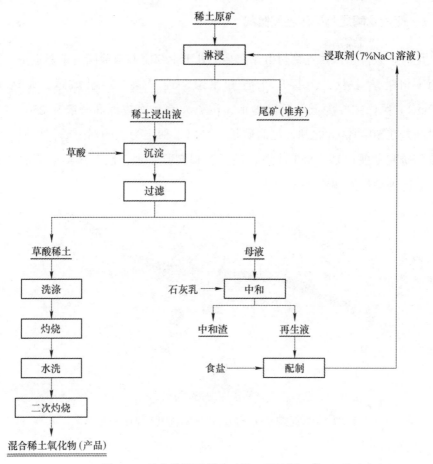

图 2-2　风化淋积型稀土矿第一代池浸工艺

氯化钠浸出工艺存在两个致命的缺点：（1）浸矿剂浓度较高（6%～8%），产生大量的高浓度氯化钠废水，而且还有相当一部分氯化钠残留在尾矿渣中，造成土壤盐化，破坏生态环境，影响作物生长；（2）草酸沉淀稀土时，钠离子会大量共沉淀，导致灼烧产品的稀土总量偏低（小于70%）。此外，NaCl 浸出液杂质含量高，处理能力小，原矿浸出率低，稀土收率低，矿山工人劳动强度大，劳动条件差。

2.2.2.2 第二代浸出工艺——堆浸工艺

第二代浸出工艺采用了硫酸铵代替氯化钠作为浸取剂回收稀土，浸出过程池浸和堆浸共存，其工艺流程如图 2-3 所示。与氯化钠浸出工艺相比，堆浸工艺工艺简单，实现了低浓度淋洗（硫酸铵浓度为 1%~4%），减少了浸矿试剂消耗，避免了浸矿剂对土壤生态环境的污染，混合稀土氧化物产品纯度能达到用户的要求（稀土总量大于92%），选矿的经济效益、社会效益明显增加。

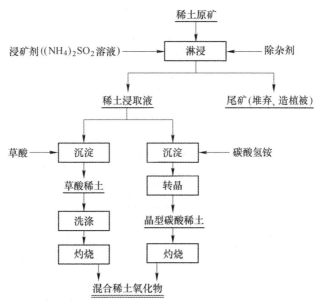

图 2-3　风化淋积型稀土矿第二代堆浸工艺

长期的稀土生产实践表明，风化壳淋积型稀土矿第二代浸出工艺中的池浸工艺暴露出一些明显的缺点，如需进行"搬山"运动和大量山体剥离及尾砂的堆弃，既占用土地，又破坏植被，易造成水土流失，严重破坏了矿区生态环境。池浸工艺正逐步被原地浸出工艺取代。若能结合土地平整，有效地进行土地复垦，堆浸工艺仍然是可推广的工艺。

2.2.2.3 第三代浸出工艺——原地浸出

第三代浸出工艺为原地浸出工艺，即浸取剂溶液从注液井注入矿体中，选择性地浸出有用成分，然后通过回收腔将浸出液送至地面工厂提取加工，其工艺流程如图 2-4 所示。它具有诸多优点，如不破坏地形、地貌，不剥离植被、表土，无尾矿外排，不破坏自然景观，对环境影响小；可大大减轻采矿工人的重体力劳动；生产作业比较安全；可回采常规开采方法无法开采的矿石；可经济合理地开采贫矿和表外矿石，能充分利用资源，可节省基建投资，降低生产成本。

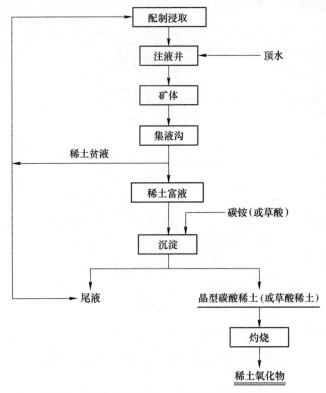

图 2-4　风化淋积型稀土矿第三代原地浸出工艺

　　从环保、生态和资源回收等方面综合分析，目前稀土矿山采用原地浸出工艺开采具有优势。对于稀土矿体具有假底板、无裂隙和水文地质简单及风化壳发育良好的稀土矿床，采用原地浸出工艺较佳，只要合理注液，能起到很好的回收稀土的作用。然而对于矿体没有假底板或有裂隙的矿床，原地浸出工艺往往造成浸出液的泄漏，污染地下水系和水体，常常也因注液不当导致山体滑坡，毁坏农田。在原地浸出工艺的实践中，山体滑坡是亟待解决的问题。现阶段对于稀土矿体地质结构复杂、水文地质不详、无假底板或可能有裂隙的矿体，应结合土地平整和尾矿复垦，推广堆浸工艺。

2.3 赣南稀土矿区氮化物污染现状

赣南地区，土地面积约占江西总土地面积的25%，生活着全省将近20%的人口，全区森林覆盖率达77.1%，水资源丰富。近年来赣南地区水体污染比较严重，其主要污染源就是赣南矿山开采所排出的矿山废水。

赣南拥有丰富的矿产资源，其中铜、钽、稀土三种矿产资源的储量非常丰富，与钨、银、铀共同被称为江西的"六朵金花"。据调查，赣南地区矿山采选所产生的废水约占江西省总工业废水排放总量的1/7，导致赣南部分地区水土流失加剧、生态和人文环境恶化，水体主要污染因子为重金属、酸及氨氮。江西省水文局通过检测赣州市的地下水，总结出赣南地区水为弱酸性水质，pH值严重超标，超标率为89.6%，氨氮超标率6.3%，不符合《生活饮用水卫生标准》，严重威胁人们的身体健康。中国地质调查局发布的数据显示赣南地区轻微污染样品数有4个，占18.2%，中等污染样品数占59.1%，严重污染样品数占9.1%，其主要的污染因子为氰化物、铵态氮、硝态氮和锰。

南方离子吸附型稀土矿是一种新型稀土矿种，所谓"离子吸附"是指稀土元素不以化合物的形式存在，而是呈离子状态吸附于黏土矿物中。在离子型稀土矿的开采过程中，使用的浸矿化学药剂如硫酸铵、碳酸氢铵可以将稀土元素交换解析下来而获得混合稀土氧化物，不需要破碎、选矿等工艺过程。这种特殊的开采工艺使得稀土矿采选过程产生的污染很有特点，其中氨氮是稀土行业的主要特征污染物之一，浸矿化学药剂中含有大量的铵离子，这对周边土壤和水环境造成了严重污染[75]。

赣南的稀土开采始于20世纪70年代。起初使用的池浸工艺，对山体植被造成极大的破坏性影响，尤其工序实施过程中产出的含有大量重金属的废水，更是对饮用水和灌溉水造成重度污染。现在，虽然原地浸矿工艺已经取代了有着"搬山运动"之称的池浸工艺，对植被的破坏也大大降低，但是对水源造成的污染仍然不容忽视。即使矿区废水经过处理后达到了国家的排放标准，但是开采过程中少量渗漏液的出现，仍然会对灌溉水造成不小的污染。据报道，稀土在开采和提炼过程中普遍采用铵盐，排放的废水中含有大量难以处理的硫铵，在某些地区废水中的氮化物含量严重超标，达到几倍到几十倍。

　　硫酸铵、碳酸氢铵在参与完成浸矿反应以后，大量的 NH_4^+ 和 SO_4^{2-} 仍然存在于浸析反应池中。NH_4^+ 和 SO_4^{2-} 不仅会通过渗滤作用进入地下水体[76]，而且在雨水冲刷和地表径流的作用下，经沟渠溪涧直接流入附近的河流[77]，使河水的理化性质发生急剧变化，水中氨氮、硫酸根的含量剧增。氨氮不仅对水生生物有很大的危害，使鱼类等水生动物品种数量减少、中毒甚至死亡，而且还可以在一定条件下转化为亚硝酸盐，如果人们长期饮用这种水，水中的亚硝酸盐会随着时间的积累逐渐与人体的蛋白质结合形成一种强致癌物——亚硝胺，对人的健康造成的影响极为恶劣。因此，氨氮的严重污染对水生态环境造成了极大破坏。

　　原地浸矿工艺的浸矿药剂的注入量一般比池浸工艺要大，矿体中残留的浸矿药剂含量也较高，产生的废水中氨氮含量严重超标，达到 3500~4000mg/L，即使是经过地表水和地下水稀释，春季含量达到 80~110mg/L，冬季也可达到 90~16mg/L，而普通农作物生长的适宜含量为 25mg/L。另外，经浸矿反应后废弃的尾矿带走一部分 NH_4^+ 和 SO_4^{2-}，这部分离子发生迁移转化很容易进入地表水、地下水和土壤中，也会对周边生态环境造成很大的影响[78,79]。韩建设[80]对南方稀土水冶含氨废水综合回收工艺探讨中指出，稀土矿每提炼 1t 稀土需要排放 60~100t 的废水，根据矿物种类的不同，废水的 pH 值由 1~7 不等，废水中铵的浓度从 0.05~5.3mol/L 不等，按照国家规定的废水中铵根离子为 15mg/L 的排放标准，其稀土加工冶炼排放废水严重超出国家排放标准。

　　张世葵等人[81]对赣南地区离子型稀土矿区地下水化学环境质量进行了分析和评估，实验所用土壤在稀土矿区按照不同深度（10cm、20cm、60cm）采集取样，实验结果发现原矿土壤中 Fe、Al、F 的背景值较高，氰化物含量低，NH_4^+-N、SO_4^{2-} 含量正常，pH 值较低，土壤呈现弱酸性。而在模拟稀土矿原地浸矿的浸采生产工艺以后，稀土矿区、矿区边缘地表和地下水受到一定程度的污染，河流下游影响区明显减小，至 3000m 远处基本无影响。从土壤现状分析、浸出试验结果综合分析，离子型稀土原地浸矿工艺造成地表和地下水污染的主要因子为 pH 值、Fe、NH_4^+-N、SO_4^{2-} 和溶解性固体等，地下水水质监测结果分析表明，pH 值和 NH_4^+-N 对地下水体造成污染，而且污染扩散范围小，pH 值在矿区范围污染明显，NH_4^+-N 污染主要分布在矿区及下游 3000m 以内，且距离矿区越远，污染程度越低；SO_4^{2-} 和溶解性总固体迁移距离短，污染扩散范围较小，仅分布在矿区及矿区污染区。综合评价区域地下水环境质量结果显示：地下水总体质量呈良好、较差、极差三类，良好类别占 70.0%，较差类别占 20.0%，极差类别占 10.0%；地下水主要污染因子为 pH 值、Fe、NH_4^+-N、NO_3^--N 硝酸盐氮等；矿区下游第四系松散岩类孔隙水水质多为良好类别。

祝怡斌[82]通过对离子型稀土原地浸矿工艺的研究发现在稀土的开采过程中，由于原地浸矿采矿收液系统不完善，大约有 20% 的浸矿母液流失进入土壤、地下水和地表水环境，对土壤和水体造成污染，其溪流水中的氨氮浓度为100mg/L 左右。杜雯[83]通过对龙南、寻乌两离子型稀土矿土壤和水体的环境质量监测研究了原地浸矿工艺对环境的影响，作者发现原地浸矿新工艺与池浸工艺相比，对水、土壤环境质量影响甚小，但是浸矿工艺造成的土壤和地下水中的氮化物含量仍然是原矿土壤中氮化物含量的三倍以上。李天煜[84]在研究中发现原地浸矿技术受到一定的地质条件限制，其要求的技术水平较高，并非在任何矿区都可以使用原地浸矿采选工艺，因此原地浸矿工艺还无法完全取代野外池浸或堆浸的采选方法，这就使得一些矿区水质和土壤受到的污染远远大于其他矿区。

2.4 赣州龙南足洞矿区氮化物污染分布调查

查阅以往资料发现，赣南地区地表水和土壤中的氮化物污染问题不容忽视，而导致污染的最主要原因是 20 世纪后期赣南离子型稀土矿的随意开采和无序管理。目前土壤氮化物污染的研究报道大多是针对农作物施肥及其土壤系统中的氮化物来源与残留的，而针对矿区土质中氮化物残留量的剖面分布的相关报道比较少，因此本次野外调查将主要从赣南离子型矿区地表水、不同土壤类型入手分析土壤中的氮化物残留的分布情况。稀土矿区环境污染现状如图 2-5 所示。

2.4.1 赣州龙南足洞矿区地表水氮化物污染分布调查

2.4.1.1 地表水氮化物浓度调查

水样取自矿区周边河流及沟渠，分别采取浸矿、沟渠、山间、山脚的水样，保存好带回实验室进行分析。其数据见表 2-1。

图 2-5　稀土矿区环境污染现状（彩色图参见附录图 2）

表 2-1　水样氮素含量及 pH 值

水样类型	氨氮/mg·L^{-1}	硝氮/mg·L^{-1}	总氮/mg·L^{-1}	pH 值
浸矿水	236.8	2.45	431.96	3.82
沟渠水	100.8	1.84	194.25	3.75
山间水	17.7	0.93	52.56	3.52
山脚水	286.8	3.01	485.6	3.93

　　由表 2-1 可以得出，四种水样的 pH 值在 3.5~4.0 之间，呈强酸性。一方面由于矿区四季雨量充沛，而且普降酸雨，另一方面则因浸提剂硫酸铵中的 NH^{4+} 在液体环境中电解产生大量的 H^+，使得矿山周边水样大多呈强酸性。四种水样的氨氮含量都很高，其中山脚水的氨氮含量更是达到 286.8mg/L，矿区周边水体氨氮已严重污染。相较于氨氮含量，四种水样的硝态氮含量则微不足道，而总氮含量也差异较大，浸矿水及山脚水的总氮含量达到 400mg/L 以上，山间水总体氮素都偏小的原因可能是取样位置距离原地浸矿开采区较远，防渗层渗漏的影响较

小, 其水样氮素含量也偏低。但总体而言, 浸矿开采会对周围水体造成较大污染。这是因为过量的氨根离子残留在土壤中会改变原有的土壤特性, 在雨水的冲刷作用下向下迁移进入水体中或者附近的河流中, 不完善的集液系统中流失的浸矿母液会污染土壤、地下水和地表水, 从而造成矿区土壤以及周边水体的氮化物污染, 特别是地下水的污染形势更加严峻。

2.4.1.2 浸矿废水中总氮测量的影响因素及相关对策

实验室常常用碱性过硫酸钾消解法测水样中的总氮, 但实际操作中常出现标准曲线线性相关性较低、空白值偏高等问题, 对测试结果影响加大。通过对总氮测定中空白水样的选择、试剂的纯度、配制的方法、贮存时间、消解温度和时间、盐酸加入后的反应时间及比色皿槽差等因素的分析, 提出了改进意见并确定了最优实验条件。在此条件下测量和验证矿山废水总氮测量值的准确性和精确度, 从而更加准确地完成水质中总氮的测定[85]。

A 无氨水的影响

总氮的标准测定方法规定实验用水必须为无氨水, 根据实验说明, 无氨水的制备可采用每升水中加入 0.10mL 浓硫酸蒸馏收集馏出液。但由于该方法操作起来较为复杂、产率低, 且易因试管和收集装置清洗不干净而引入新的杂质, 故在实际操作中较少使用, 实验室常用现制的超纯水和去离子水等代替无氨水。实验室采用刚制备的超纯水、去离子水和蒸馏水作空白水样测定其在波长 220nm 处的吸光度, 每组样测 3 次取平均值。测量结果表明, 吸光度 (A220) 分别为 0.019、0.022、0.031, 相同实验条件下 3 种水质的效果存在差异, 其中超纯水和去离子水的吸光度值相差不大, 且都在标准规定的范围内。由于去离子水制备操作简便、出水量大、整个制作过程又不易被污染, 故实验选用去离子水代替无氨水进行测量。

B 过硫酸钾试剂纯度的影响

实验中空白水样吸光度值是否偏高及测量结果的准确与否与过硫酸钾试剂的选择有着很重要的联系, 过硫酸钾试剂是整个实验过程中最为关键的因素。市场上大多数分析纯试剂中规定其总氮含量低于 0.005%，但实际质量存在差异，有些厂家或不同批次的过硫酸钾试剂氮含量达不到这个要求，致使空白值偏高。为选择最佳试剂，先对实验室现有的不同厂家的过硫酸钾试剂做比对实验。

C　碱性过硫酸钾配制方法的影响

过硫酸钾在常温下的溶解度低，溶解速度慢，配制过程中常常需要加热溶解。实验室通常采用恒温水浴振荡器，并设置温度在 50℃ 左右，且最好不要超过 60℃（过硫酸钾受热易发生氧化分解反应），另外，在碱性过硫酸钾配制过程中氢氧化钠和过硫酸钾最好分开溶解。因氢氧化钠的溶解属放热反应，反应放出的热量易使溶液局部温度过高而致过硫酸钾部分分解失效，故应待两者均冷却至室温后再混合定容，配制好的溶液应储存在聚乙烯瓶内并置于阴凉处保存。冬季气温较低，溶液结晶时，应先将碱性过硫酸钾置于水浴振荡器中并设置温度在 60℃ 以下匀速振荡至其完全溶解为止。

D　碱性过硫酸钾储存时间的影响

在总氮测定中，碱性过硫酸钾是作为氧化剂使用的，其存放时间对测量有一定的影响，国家标准规定，空白水样吸光度超过 0.03 时会影响总氮测量的准确性。据此，实验室对当天配制及存放 1 天、2 天、3 天、4 天、5 天的碱性过硫酸钾溶液进行空白实验，实验用水为现制的去离子水，每组测量 3 次取平均值。结果发现随着存放时间的延长，空白吸光度值逐渐增大。尤其是存放 4 天、5 天后，空白吸光度值比存放 1 天增加了 1 倍多，标准方法中规定碱性过硫酸钾最长贮存时间不超过 1 周，通过实验可知，碱性过硫酸钾存放时间最好不要超过 4 天，配制当天或 2 天内使用为最佳，否则会对消解效果造成很大影响。

E　消解时间的影响

将各水样在比色管中定容至 25mL，再分别加入 5mL 碱性过硫酸钾，拧紧管塞做好标记后便轻轻摇匀，并用纱布将比色管捆绑好以防止加热过程中管内强大的气压将管塞顶出，影响测量效果。将这些捆绑好的比色管一起放在玻璃烧杯中，置于高压蒸汽灭菌器中加热（操作前应注意检查灭菌器内水位是否标准，将排气阀拧至最大），设置温度在120~126℃，时间为40~45min，加热至顶压阀吹气以便排出容器内的冷空气后关阀。虽然国家环境标准 HJ 636—2012 总氮的测定中规定总氮消解时间在30min左右，但实际上在这个时间段内过硫酸钾并未分解完全，在220nm处仍有很强的吸收峰，对硝酸根吸光度值的测定有很大的干扰，且易造成空白吸光度值偏高。

F　盐酸加入后反应时间的影响

国家标准中未对盐酸加入后的反应时间有所规定，为验证最佳实验条件下的测量效果，现对消解后的空白水样加入（1+9）盐酸，无氨水定容后，在5min、10min、16min、20min、30min后分别测定A220。结果表明，随着盐酸加入时间的延长，水样的吸光度呈逐渐增大的趋势，在前10min内吸光度值变化范围较小，基本稳定，故在测定总氮时，加入盐酸后应尽快进行比色。

G　比色皿槽差的影响

使用紫外分光光度计测总氮时，比色皿应配套使用，否则将使测量结果失去意义。由于生产工艺上的细微差异，即使同一批次出产的比色皿也可能存在槽差，故在每次测量前均应进行比较。方法如下：分别向被测的两只比色皿中倒入约为其体积2/3的相同溶液，将仪器调至波长220nm，并将其中一池的吸光度调至100%，测量其他各池的吸光度值，记录其示值差，如吸光度之差在0.5%的范围内则可以配套使用，若超出范围则应考虑其对测试结果的影响。

2.4.2　赣州龙南足洞矿区土壤氮化物污染分布调查

以野外调查为基础，2012年7月20日在龙南县设置两个不同土壤类型的剖面，分别是离子型稀土原矿和浸取完全后剩余的尾矿（废弃一年），对这两种类型土壤进行取样。两种类型土壤的取样深度为0cm、15cm、30cm、45cm、60cm、75cm、90cm。每个土样取大约1kg装入塑料瓶中，贴上标签带回实验室测定。

2.4.2.1 实验部分

A 土样制备

将取回的土壤风干，大块土壤碾碎，并用 0.15mm（100 目）筛筛选，准确称取土壤 2g 左右，精确至 0.01g，放入干净的烧杯中。

B 实验试剂与主要仪器

实验所用的试剂：硫酸铵、硫酸、硫酸钾、硫酸铜、硒粉、氢氧化钠、硼酸、甲基红、溴甲酚绿、高氯酸、甘油、氯化钠、盐酸、硫酸钙、硝酸钾等，全为分析纯试剂，实验用水为蒸馏水。

实验所用主要仪器：UV-6100 型紫外-可见分光光度计（上海美谱达仪器有限公司）、SHZ-B 型恒温水浴振荡器（江苏金坛市城西晓阳电子仪器厂）、TY4001 型电子分析天平、高温电炉、CSIOI-IAB 电热鼓风干燥箱（重庆试验设备厂）、SX2-8-10 型箱式电炉（上海锦屏仪表有限公司）等。

C 测定项目及方法

测定项目：铵态氮（NH_4^+-N）、硝态氮（NO_3^--N）、总氮、有机质、pH 值。

测定方法：pH 值用 pH 计测定；硝态氮（NO_3^--N）的测定基于在紫外光谱区 220nm 波长处，硝酸根有强烈的吸收，其吸收值与硝酸根的浓度成正比，在波长 220nm 处可测定其吸光度。而溶解的有机物在波长 220nm 和 275nm 下均有吸收，而硝酸根在 275nm 时没有吸收。因此在 275nm 波长处做另一测定，来校正硝酸根的浓度值。总氮的测定基于氮化物经硫酸消化，在强氧化剂的参与下，有机氮分解转化成氨，并与硫酸结合成硫酸铵（$(NH_4)_2SO_4$），加碱铵扩散用硼酸吸收，可用标准酸滴定。铵态氮（NH_4^+-N）的测定用扩散法，基于土样中的铵根离子与碱反应以氨气形式扩散。测定土样中有机质含量采用灼烧法，土样经在 525℃灼烧，有机质即可分解损失，灼烧前后的土壤质量差，即为有机质的含量。

2.4.2.2 结果与讨论

A 实验结果

本次野外污染现状调查设置采样点 2 个，共采集土样 13 个，通过实验室理化分析共获得土壤理化性质数据 65 个。结果见表 2-2。

表 2-2 土壤理化性质分析结果

项目	埋深/cm	硝态氮 /mg·kg⁻¹	氨态氮 /mg·kg⁻¹	总氮 /mg·kg⁻¹	有机物 /g·kg⁻¹	pH 值
原矿	0	10.69	6.48	151.34	17.21	6.53
	15	17.86	6.25	152.71	13.25	6.48
	30	20.44	6.86	115.25	9.78	6.44
	45	15.72	6.20	94.67	6.59	6.31
	60	9	6.01	88.85	7.54	6.33
	75	9.58	5.82	102.68	4.34	6.29
	90	7.21	5.03	82.62	5.67	6.23
尾矿	0	54.28	15	641.67	25.45	6.82
	15	55.20	14.84	648.51	27.92	6.8
	30	32.43	14.65	438.19	20.56	6.62
	45	19.35	15	369.26	16.74	6.59
	60	24.61	13.61	378.84	5.64	6.53
	75	18.57	12.43	365.36	6.75	6.51

B 不同土壤类型中铵态氮的分布特征

图 2-6 是铵态氮（NH_4^+-N）在两种不同类型土壤的剖面分布图。由图中可以直观的发现铵态氮在原矿土壤和尾矿土壤中变化趋势基本相近，表现为土壤表层的含量较高，随着深度的增加，土壤中铵的含量在逐渐减少，而且两种土壤类型中铵态氮随深度的变化比较平稳，原矿土壤中铵盐基本保持在 6mg/kg 左右，尾矿土壤中铵盐基本保持在 15mg/kg 左右。尾矿中铵盐的含量始终是原矿土壤中铵盐含量的 2~3 倍，这是浸矿药剂硫铵残存于土壤中造成的。

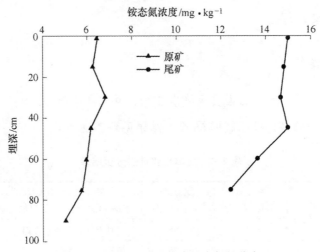

图 2-6　不同土壤类型中铵态氮的分布

铵盐在两种土壤中随深度增加而含量变化不大的分布特征说明，当大量的硫铵被注入土壤中后，土壤中的氮化物主要以铵态氮的形式存在，土壤表层的少数植物使得土壤表层的有机质含量较高，对铵根离子有明显的吸附作用，然而施入过量的硫铵必然会有一部分铵根离子淋溶到土壤的下层中去。尾矿中的铵盐含量并没有如加入浸矿药剂硫铵后计算出的铵盐含量那么高，即铵盐在土壤中迁移时除了被土壤表层的植物吸收一部分，还可能由于土壤胶体吸附或者微生物的消化和反硝化作用转化为其他形式而使其含量降低。

C　不同土壤类型中硝态氮的分布特征

由图 2-7 可以看出，硝态氮浓度在土壤中变化趋势为在土壤表层 15cm 内略有升高，但是主流趋势则是沿着深度的增加而降低，但下降速度随着土层深度的变化而变化。在原矿土壤中变化比较缓慢，变化幅度为 10~20mg/kg。尾矿土壤中在深度 15~45cm 的土层中硝酸态氮迅速降低，由 55mg/kg 降到至 19mg/kg 左右；45~60cm 的土层中表现出略有升高的趋势，但是总体含量是降低的。而且从图 2-7 中可以看出，尾矿中硝态氮含量与原矿中硝态氮含量的比值随着深度的增加有降低的趋势。

硝态氮是氮化物在土壤中发生消化反应的最终产物，也是能够被植物直接吸

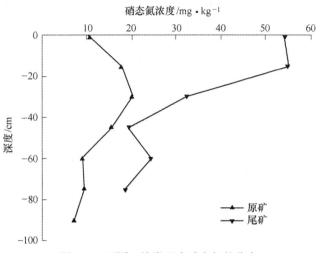

图 2-7　不同土壤类型中硝态氮的分布

收利用的氮化物之一，且由于硝态氮带负电荷，不易被土壤中的胶体物质吸附，极易随水流向土壤深度迁移，进入到深层土壤或者地下水。此外，硝态氮还是地下水污染和地表水富营养化的重要指标。由于矿山地表稍有植被，所以土壤 0~30cm 深度处的硝态氮含量略有升高或者含量较高，这也正是植被根系生长发达的深度，这说明植被能有效地减少土壤硝态氮的淋洗。这与高强[86]研究氮肥对叶菜硝酸盐累积和土壤硝态氮淋洗的影响的调查研究结果很相似。通过与图 2-8

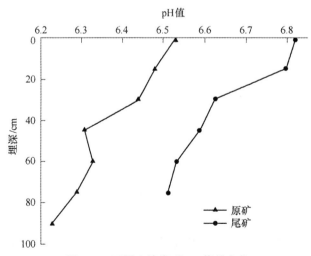

图 2-8　不同土壤类型 pH 值的变化

进行对比，发现稀土矿区土壤显弱酸性，pH 值的范围在 6.2~6.8。且当土壤各点的 pH 值随着深度的增加逐渐降低，同时硝态氮的含量也在降低，因为硝化作用的最适 pH 值为 7.2~8.0，pH 值低会抑制硝化作用的进行。

D　不同土壤类型中总氮的分布特征

图 2-9 是总氮在原矿和尾砂两种不同类型土壤中的剖面分布图。由图 2-9 中可以看出总氮的含量明显是按照土壤深度的增加而逐渐减少的，在原矿土壤中总氮的降低比较平缓，没有太大的波动；而在尾矿土壤中在土壤表层总氮含量的降低表现的尤为明显，从深度 15~30cm 处，总氮的含量由 648.51mg/kg 急速降到 438.19mg/kg，再由 30cm 处 438.19mg/kg 降到 45cm 处的 369.26mg/kg，而后随着土壤深度的加深，虽有所降低，但是变化不大。稀土矿进行浸矿生产后土壤中总氮的含量明显高于原矿中总氮的含量，其中总氮含量最高值已达到 650mg/kg，如不进行处理，在未来的时间内必将对土壤和地下水造成污染。

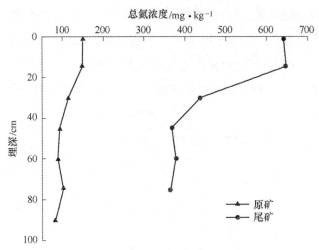

图 2-9　不同土壤类型中总氮的分布

另外还对两种土壤中有机质的含量进行了检测（见图 2-10），发现两种类型土壤中有机质的含量均是随着土壤埋深的增加而降低，而且根据土壤养分含量分级与丰缺度，原矿各层次中 15cm 以下均属于土壤养分缺乏，15cm 以上属于稍缺有机质。浸矿后土壤 0~30cm 范围有机物含量属中等，30~45cm 属于稍缺有机质，60cm 以下土壤养分缺乏。由于浸矿过程中使用的硫铵药剂也是一种肥料，促进植物的生产，可知浸矿生产能增加土壤中的有机质。由以上可知废弃尾矿中铵态氮和硝态氮含量都较低，说明总氮中有机氮占主要部分。

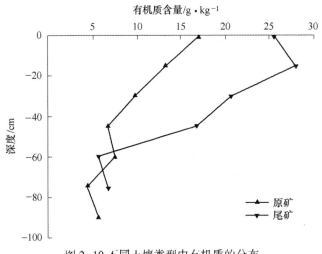

图 2-10 不同土壤类型中有机质的分布

3

稀土矿区土样采集及其分析方法

3.1 土样采集、处理及储存

以野外采样调查为基础，选取龙南县足洞东江试验矿基地未开采原矿土壤、正在浸矿土壤、已废弃两年的尾矿土壤为研究对象，采用 GPS 定位仪对采样点进行定位，并详细记录采样点的经纬度、地形和地貌。各土壤样品均取自于埋深为 0~30cm 的表层土。每个土壤样大概取 100kg。所采集的土样一律用塑料袋密封，并贴好标签，标注好样品的相关信息，带回实验室贮存并分析。另取应用科学院绿化地草坪土壤 100kg 置于贴有标签的塑料袋中保存，其土壤肥沃，表面小草生长茂盛。根据样本测量指标的不同，需对土样进行不同的处理和存储，具体方式如下：（1）采集回来的新鲜土样：结束采样后，应在 3 天内进行检测和分析，取大约 100g 的新鲜土样捣碎混匀后存封于干净的塑料袋中，并置于冰箱中于 4℃下保存；（2）置于实验装置中的土壤：取样结束后，将样品放于室内打扫干净、通风条件良好的地面上，用铲子等工具铺展开来，摊成薄层，并剔除样品里的碎石及其他杂质，尽量在自然条件下干燥，必要时可以打开室内电风扇或者鼓风机。大约 20 天后样品会风干，用石块等硬度较大的工具将大块土壤敲碎后，将土样一并装于原塑料袋中，密封并放在干燥通风处保存备用，无需过筛。

3.2 土壤理化性质测定方法

3.2.1 土壤含水率的测定

土壤中水分的主要来源是降雨、地表径流和灌溉。当土壤下层地下水位较高时，地下水也会逐渐渗透到上层土壤中，由于土壤颗粒的比表面张力及毛细管力，使得土壤具有较好的固水能力。土壤中的水成分并不单一，当水分进入土壤后，土壤中的其他组分及污染物会溶解在水中，包括盐类和空气等，并形成包含固液气的三相体系，这个体系被称为土壤溶液。关于它的测定，本实验选用烘干法，也是目前实验室选用的最广泛的测量方法之一，具体如下。

先将盛放土壤的器皿洗净后放于恒温箱中，并调节温度至 55℃，烘烤 1h 后取出，用电子秤（称量精度为 0.0001g）称其质量为 m_0，再用药勺将待称量试样（20~40g）移至器皿中，称量其质量为 m_1，称完后将盛放试样的器皿一起置于恒温箱中，并设置温度为 105℃ 烘至恒重后取出，再测其重为 m_2，每组测量三次，取平均值。试样含水率计算式为：

$$w(\mathrm{H_2O}) = \frac{m_2 - m_0}{m_1 - m_0} \tag{3-1}$$

3.2.2 土壤 pH 值的测定

土壤酸碱度，又称"土壤反应"，它是土壤溶液的酸碱反应，主要取决于土壤溶液中的氢离子的浓度。pH 值的改变对稀土矿土壤中氮素的矿化及硝态氮的积累有着重要的影响，是评估土壤污染程度不可或缺的要素。具体测定方法如下：

准确称取过 2mm 孔径筛的风干试样 10g 于 50mL 干净烧杯中，用量筒量取 25mL 去离子水倒入烧杯中（土液比为 1:2.5），用搅拌器搅拌 1min，使土粒充分分散，放置 30min 后，将电极插入试样悬液中（注意玻璃电极球泡下部位于土液界面处，甘汞电极插入上部清液），轻轻转动烧杯以除去电极的水膜，促使快速平衡，静置片刻，按下读数开关，待读数稳定时记下 pH 值。每组测量三次，取平均值。

3.2.3 土壤有机质的测定

土壤有机质是指在土壤中所有含碳的有机物质，包括土壤中所有动植物残体，生物体分解和合成的各种有机物质。土壤有机质可以改变土壤的黏性，使土壤的透水性、蓄水性、通气性得到改善。土壤有机质还是土壤 N、P 最重要的营养库，是植物速效 N、P 的主要来源。土壤全氮的 92% ~ 98% 都是储藏在土壤中的有机氮，且有机氮主要集中在腐殖质中，一般是腐殖质含量的 5% 左右。具体测定方法如下。

准确称取 0.5g（精确到 0.0001g）过 0.15mm（100 目）筛的土样，装入干燥的硬质玻璃管中，用移液枪向里面移 5mL、0.8mol/L 的重铬酸钾-硫酸溶液，摇匀，将试管放入已加热至 170 ~ 180℃ 的油浴锅中，煮沸 5min，注意油浴加热应在通风橱中进行，管中的液面应低于油面。待反应完成后，将试管内的消煮液及其土壤残渣经过少次多量的冲洗方法冲洗后全部转移至 100mL 的三角瓶内，向其中滴加 2 ~ 3 滴邻菲罗啉指示剂，并用标准的 0.1mol 硫酸亚铁标准溶液滴定剩余的重铬酸钾，滴定过程中溶液的颜色变化为橙黄—蓝绿—棕红。取大约 0.2g 左右烧过的土壤代替试样，每组测量三次，取平均值。

3.3　土壤理化性质分析

土壤对氮素的吸附和对水的固持能力是氮化物迁移转化的重要影响因素之一，与土壤的理化性质相关，包括土壤含水率、pH 值、有机质含量、氮形态含量等。因此，实验前对土壤的理化性质进行系统的分析具有重要意义。

3.3.1　土壤含水率分析

土壤含水率即土壤水分含量占土壤总质量的比重，是污染物迁移的重要因素之一，土壤水分不仅是植物养分的主要来源，也是土壤中各类化合物迁移释放的重要驱动力。其含水率的测定结果见表 3-1。

表 3-1　土壤含水率

土壤类型	新鲜土壤含水率/%	风干土壤含水率/%
稀土原矿	39.73	0.73
稀土尾矿	37.82	0.71
正在浸矿土壤	42.98	0.95
一般土壤	35.67	0.72

由表 3-1 可知，四类新取回来未经处理的土壤类型含水率均在 35%～42% 之间，这是因为取土日期正值赣州市雨水丰润季节，土壤环境潮湿。在地面干燥的室内风干 20 天后，土壤平均含水率降至 0.72 左右，满足实验所需要求。

3.3.2 土壤 pH 值分析

土壤中由于含有较多的岩土颗粒和胶体化合物，表面多带负电，因而在入渗水流条件下，对带正电的自由离子有较强的吸引力。一般来说，土壤 pH 值越低，土壤中的 H^+ 就越多，对 NH_4^+ 拦截效果越显著。经测试，待试土壤（四类）的 pH 值见表 3-2。

表 3-2　土壤 pH 值

土壤类型	土壤 pH 值	土壤类型	土壤 pH 值
稀土原矿	6.48	正在浸矿土壤	5.36
稀土尾矿	6.73	一般土壤	7.58

由表 3-2 可知，稀土矿区原矿土壤由于未经开采破坏，仍呈弱酸性，这是因为矿区所属位置四季雨量充沛，赣南地区多降酸雨所致，此外，矿山土壤中强碱弱酸性重金属离子含量高，在土壤潮湿环境中，易形成电解场，产生 H^+。稀土尾矿土壤和正在浸矿土壤则呈强酸性，这是由于浸矿药剂 $(NH_4)_2SO_4$ 中的 NH_4^+ 在液体环境中电解产生大量的 H^+，pH 值逐渐减小。一般土壤取自应用科学院的草地中，上方植被长势优良，故土壤酸碱度接近中性。

3.3.3 土壤有机质分析

土壤有机质指土壤中所有含氮的有机物质，它包括土壤中各种动植物残体，为生物体分解及合成的各种有机物质。由于其黏结性比砂粒强，在稀土矿山这种砂性土壤中，有机质含量增高有助于提高稀土的团聚性，改善土壤松散的状态，使土壤的透气性、通气性和蓄水性提高，从而提高其拦截氮素特别是氨氮的能力，不仅有利于提高稀土矿浸出率，还能使进入地下水层的氮素大为减少，环境效应高。四种土壤其有机质含量见表 3-3。

表 3-3　土壤有机质

土壤类型	土壤有机质/g · kg⁻¹	土壤类型	土壤有机质/g · kg⁻¹
稀土原矿	12. 27	正在浸矿土壤	15. 82
稀土尾矿	25. 33	一般土壤	102. 78

由表 3-3 可知，稀土土壤中有机质含量极少，不足一般农田土壤中有机质含量 1/4。因此，实验中分析氮化合物迁移转化的影响因子时，土壤中有机质的影响可暂不考虑。

3.4　土壤氮化物（氨氮、硝氮、总氮）分析测定方法

稀土矿山在浸矿开采过程中，常常用硫酸铵作为溶出剂，氮化物的大量释放使矿区土壤中各种氮化物不断形成、累积及迁移转化。由于土壤中的岩土颗粒表面多带负电，土壤颗粒和土壤胶体对氨氮有较强的吸附作用，使得铵盐大部分得以保存在土壤中，但当土壤颗粒的吸附量达到饱和状态后，在入渗水流作用下氨氮仍会向深层土壤迁移并进入地下水中，对矿山周边的生态环境构成潜在的威胁。此外，通气条件下，土壤微生物（细菌、真菌、放线菌）能将铵盐及其他胺类化合物氧化为硝态氮化合物，硝态氮由于其本身带负电，因而在淋滤条件下，极易随水流向深层土壤中迁移并很快转移到地下水环境或矿山周边湖泊中，土壤能吸附的硝态氮含量极少。为更系统研究矿区土壤氮化物迁移转化规律及环境影响效应，准确测定其氮形态含量显得尤为必要，具体测定方法如下[87]：

（1）试料的准备：取样后，先将所有试样置于恒温箱中烘干，设置温度为50℃，大概 8h 后取出，自然冷却后用研钵将土壤研碎并过 0.3mm（60 目）筛，准确称取每组试样 5g，分别放 300mL 无色透明的塑料瓶中，并作好标记，用量筒量取 50mL KCl 溶液（1mol/L）依次倒入塑料瓶中，拧紧瓶盖，然后在 20℃±2℃ 的恒温水浴振荡器振荡中 3h 后取出，静置半小时后过滤，提取滤液待测。

（2）氨氮：用移液枪移取各组待测液 0.1mL 于准备好的 50mL 的比色管中，做好标记，依次向其移取 9.9mL 新鲜去离子水，再加入 40mL 的硝普酸钠-苯酚溶液，充分混合，静置 15min，然后分别加入 1mL 的二氯异氰尿酸钠显色剂，摇匀静置 5h 后，于 630nm 波长处，以新制备的去离子水为参比，测量其吸光度。

标准曲线为：$y = 0.0274x + 0.0017 (r = 0.9998)$，其中：$x$ 为氨氮含量，μg；y 为吸光度值。

（3）硝氮：用移液枪移取各待测液 5mL 于洁净的 50mL 比色管中，并依次标注好，加入新制备好的去离子水，定容至 50mL 刻度线，摇匀。测量其在 220nm 和 275nm 处的吸光度值 A220 和 A275。根据标准曲线：$y = 0.0055x - 0.0005 (r = 0.9998)$，其中：$x$ 为硝氮含量，μg；y 为吸光度值。

（4）亚硝氮：用移液枪分别移取 1mL 各待测液于 25mL 具塞比色管中，做好标记，依次加入 20mL 新鲜去离子水，摇匀，加入 0.2mL 盐酸萘乙二胺-磷酸显色剂，充分混合后静置 60~90min，于 543nm 波长处，测量其吸光度值，标准曲线：$y = 0.0013x + 0.0001 (r = 1.000)$。

（5）总氮：总氮的测定基于氮化物经硫酸消化，在强氧化剂的参与下，有机氮分解转化成氨，并与硫酸结合成硫酸铵（$(NH_4)_2SO_4$），加碱铵扩散用硼酸吸收，可用标准酸滴定。

实验所用器具一律在超声波清洗器中加热到 60℃并洗涤 20min，然后用稀盐酸浸泡 24h，再用去离子水反复冲洗后放置于试管架上晾干。

3.5 稀土土壤主要成分分析

江西省龙南足洞稀土矿山稀土土壤为高钇型重稀土矿土壤，其富含多种重稀土元素，具有较高的开采价值。将稀土原矿土壤样品在自然条件下风干后，测得其主要化学成分，见表 3-4。

表 3-4 稀土原矿土壤主要化学成分

化学成分	RE	SiO_2	Fe	Mg	Ca	Al	其他化学成分
含量/%	0.122	60.4	0.57	0.57	0.32	14.66	20.35

其主要稀土元素成分及含量经江西省分析测试中心运用等离子体质谱分析仪（ICP-MS）法测定，检查结果见表 3-5。

表 3-5 稀土元素主要成分含量

化学成分	Y_2O_3	Dy_2O_3	Gd_2O_3	Er_2O_3	Yb_2O_3	La_2O_3	Nd_2O_3	Sm_2O_3
含量/%	68.94	6.90	4.48	4.33	3.48	1.56	3.20	2.42

化学成分	Ho_2O_3	Tb_4O_7	Pr_6O_{11}	Tm_2O_3	Eu_2O_3	Lu_2O_3	CeO_2
含量/%	1.56	0.95	0.65	0.55	0.50	0.50	0.085

由表 3-4 和表 3-5 可知,赣南龙南稀土矿山原矿所含内源性稀土元素品位偏低,属风化壳淋积型高钇含量重稀土矿,且稀土矿矿物中大部分稀土元素呈阳离子状态,带 3 个价态正电荷。

龙南离子型稀土矿其矿床为黏土矿物质,85% 以上的稀土离子吸附于高岭石和云母类黏土矿物颗粒上,因而矿区土壤中黏土矿物质为稀土离子附着的主要载体。

高岭石($[Al_2Si_2O_5(OH)_4]_m \cdot nRE^{3+}$)、多水高岭石($[Al(OH)_6Si_2O_5(OH)_3]_m \cdot nRE^{3+}$)、白云母($[KAl_2(AlSi_3O_{10}(OH)_2)(OH)_2]_m \cdot n\,RE^{3+}$),当这些黏着在黏土矿物质上的稀土离子遇到势能更大、活性更强的 NH_4^+ 后即被其交换解吸下来,解吸下来的稀土离子溶解在土壤溶液中并逐渐迁移至土壤下层,形成浸出母液,铵根离子大部分则吸附在黏土矿中。其主要化学反应方程式为[88]:

$$[Al_2Si_2O_5(OH)_4]_m \cdot nRE^{3+}(s) + 3nNH_4^+(aq)$$
$$\rightleftharpoons [Al_2Si_2O_5(OH)_4]_m \cdot (NH_4^+)3n(s) + nRE^{3+}(aq)$$

式中,s、aq 分别代表固相和液相。离子交换反应是可逆反应,NH_4^+ 处于不断吸附和解吸的动态平衡中。

实验装置的研制

4.1 技术领域

实验用的装置是一套专门用于研究离子型稀土矿中氮素迁移转化规律的实验设备，属于土壤入渗规律试验装置领域。

4.2 装置研制背景

南方离子型稀土矿区，多为地势高凸、地面坡度较大的丘陵地带。浸矿剂硫酸铵经矿山表面注入后经过较长距离的迁移后方进入地下水层及周边土壤环境中，为更真实模拟这一迁移特点，实验室需用柱体较长、外直径较大、稳定性较好的土壤柱。经查阅相关文献及资料信息，发现鲜有学者研究这一领域，更没有符合相关实验条件的装备问世。因而，研究并开发新型的实验装置显得尤为必要。

4.3 装置介绍

本装置根据实验室对赣南稀土矿土壤中氮素迁移转化机理的研究需要而设计和制造，所要解决的技术问题是提供一种专门用于室内离子型稀土矿区氮素迁移转化规律研究的实验设备[89]。

本实验装置是一种适用于室内研究离子型稀土矿土壤中氮素迁移转化规律的实验装置，所要解决的技术问题是通过以下技术方案来实现的。其特点是：包括四根无色透明的圆柱形有机玻璃柱体（结构和尺寸大小完全一致），以及起承重和支撑作用的高为 300mm 的条形铁架台。每根玻璃柱配有一个体积 50L 白色塑料桶、一个可调速蠕动泵、两根硅胶软管。实际操作时，先将定时开关插在电源上，再将多孔排插与定时开关连接，并将四个蠕动泵分别插在多孔排插上，根据实验条件设置好蠕动泵、定时开关运行参数，并启动所有仪器电源，塑料桶中的淋滤液将通过连接在蠕动泵上的硅胶软管流入安装在柱体顶部的进水分配器中，并均匀洒至表层土壤，随土壤介质迁移至柱体底端流出，并通过放置在铁架台底部的排水收集槽收集后排至系统外面。

实验装置所涉及的设备及仪器型号说明：

（1）塑胶水桶：容积为 50L，能耐酸碱；可调速蠕动泵：型号为 YZ15，产自保定市弗雷科技有限公司，可调流量范围为 $0.006 \sim 420\text{mL/min}$；塑胶软管：无色透明，内径 6mm，外径 10mm；进水分配器：受水面面积：$3.14 \times 52(\text{mm}^2)$；取样勺：铝材质，横断面呈三角形，距离一端 50mm 处，弯折呈 45°左右，除弯头后长为 200mm，横断面宽 15mm；防水垫圈：安装在法兰板和法兰盘之间，厚度为 5mm，横断面结构、尺寸与法兰板一致，内径 160mm，外径 270mm；铁架台：长 2240mm，宽 470mm，高 300mm。

（2）圆柱体土壤柱：采用无色透明的亚克力管材，共由两部分组成，法兰盘及其以上部分和法兰板及其以下部分，可拆卸。装置总高 1860mm，外径 160mm，壁厚 5mm，管壁设置一列共 7 个圆形取土样孔，小孔外径 $d_0 = 25\text{mm}$，内径 $d_1 = 20\text{mm}$，凸出长度为 10mm。并配有同材质的孔塞，孔塞两端分别由直径不同的实心柱形连接而成，能插进取样孔的一端直径 $d_1 = 20\text{mm}$，长 10mm，另一端直径 $d_0 = 25\text{mm}$，长 10mm。各孔圆心间距为 $d = 250\text{mm}$，最上端取样孔的中心高度为 150mm，第 7 个取样孔孔心与法兰盘底端距离为 85mm。法兰盘厚 $h = 30\text{mm}$，外径 $d_2 = 270\text{mm}$，内径为 160mm，固定在柱体装置下端。法兰板与法兰盘用细长的螺钉固定于铁架台上，以此将整个圆柱体装置固定于铁架上，其厚度为 30mm，外径 $d_2 = 270\text{mm}$，在内径 160mm 圆形区域上打满小孔，孔径 $d_3 = 5\text{mm}$，孔间距为 20mm，且上面固定有一层孔隙较小金属滤网。法兰板下端连有一段长 95mm 有机玻璃管，管底封住，管壁下端开一小孔，方便水流流出。此外，在装置管壁上端固定一根 $d_4 = 10\text{mm}$ 的同材质进水管，其出水口位于装置顶端，对着圆柱体装置的中心线，在管壁取样孔对立面，距离柱顶 70mm 和 320mm 处安装两个出水龙头。

4.4 装置的创新性

本实验装置的创新性体现在以下几个方面：

（1）本装置适用于室内研究离子型稀土矿土壤中氮迁移转化规律，进一步优选的技术方案或技术特征包括：土壤柱外径更大，柱体更长，取样孔间隔远，使研究离子型稀土矿山中氮素沿土壤进行长距离淋溶迁移特征的可靠性大为增加。

（2）柱体承重层法兰板铺设有金属滤网，且固定在柱体底部，阻断了实验过程中小粒径土壤堵塞底部出水孔的可能性。

（3）在柱体管壁上方取样孔对立面设计了两个出水龙头（根据淹水条件下表层土壤积水高度不超过 3m 设计），便于辅助排去表层土壤多余积水，保证实验的顺利进行。

（4）本装置一共设计了四根柱体，设计最高填土高度为 1635mm，最低装填高度为 88mm，因而本组装置适合同期研究最多四种不同稀土类型土壤中氮迁移规律，且装填土壤高度可在 $88\text{mm} \leqslant h \leqslant 1635\text{mm}$ 中任意选择。

（5）每个土壤柱上端都配备了一根外直径为 10mm 的进水管，一端与进水分配器相接，另一端可胶结在蠕动泵出水管末端，保证了出水的均匀分布。

（6）利用多孔排插将四个蠕动泵插在定时器上，并通过设置定时器运行参数来控制四台蠕动泵的停运模式及工作时长，使整个系统自动化，操作简单易行，模拟变量精度大大提高。

（7）取样勺选用三角形槽，一端 45° 的弯头设计及 20mm 的平铺长度，使其断面更小更锋利，即使是颗粒较大的砂石土，也能轻易捣入至柱体另一端，通过旋转小勺能增加取样孔周围的取样面积。

（8）钢铁结构的铁架台，不仅造价低廉，其耐压性能也明显优于铝合金材质，保证了整个装置系统的安全型。其 300mm 的层高、470mm 的宽度设计使整个实验装置占地面积和占空间面积更小。

（9）铁架台上的铁皮板是通过安装在其四个角上的螺丝固定的，方便拆卸, 这样的设计是考虑到铁架台和柱体结构的加工是由不同厂家来定做的, 可使因加工差异造成铁质板开孔口径与柱体实际外径不一致时, 通过调整铁板直径来解决这一工程隐患, 从而减少了实际工作量。装置设计图如图 4-1~图 4-3 所示。

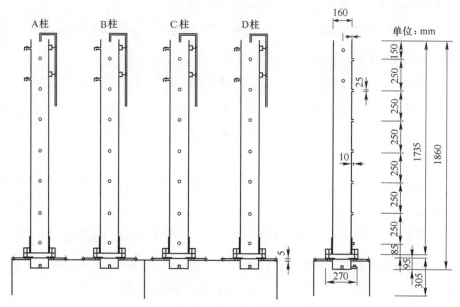

图 4-1　土壤柱整体正立面图及侧面图

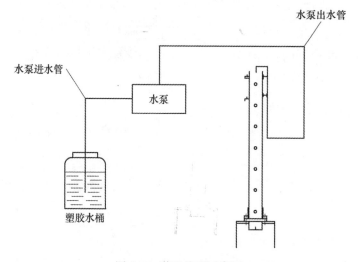

图 4-2　装置流程示意图

图 4-3 装置整体示意图（彩色图参见附录图 3）

4.5 装置可行性验证

装置加工成型后，为验证本发明设计的合理性及其技术优选性，实验室现利用本装置对赣南离子型稀土矿土壤中氨氮迁移转化规律进行具体研究。具体实施方案如下：

（1）将铁架台上四块铁质板用螺钉拧紧，并固定在铁架台上。

（2）将四个法兰板及其以下部分搁置在铁架台上，平稳放置后将四个防水垫圈放于法兰板上，注意两者的小孔对齐。

（3）将 A、B、C、D 四根有机玻璃柱法兰盘及其以上部分小心置于法兰板上，慢慢旋转柱体，使每个小孔对齐，然后用螺钉逐个拧紧，使四根土壤柱稳固在铁架台上。

（4）将风干并研碎的稀土原矿土壤由 A 柱体上端缓缓加入直至其高度到达第一个全样孔上方 50mm 处；以此类推，B 柱、C 柱、D 柱中分别加入一般土壤、正在浸矿稀土土壤、尾矿土壤。

（5）将进水分配器、水龙头分别缠绕一层防水丝带，并通过旋转拧紧在柱体上，再将蠕动泵出水口胶结在土壤柱上的进水管上。

（6）将定时开关插在电源上，再将多孔排插与定时开关连接，并将四个蠕动泵分别插在多孔排插上，根据实验方案设置好蠕动泵转速、定时开关起止时间、运行模式等参数，打开水泵运行开关，塑胶水桶中已配好的淋滤液即在蠕动泵动力下，匀速流进进水分配器，并分配至表层土壤。

（7）每隔 6 天从各取样孔取样测量，取样深度：0cm、25cm、50cm、75cm、100cm、125cm、150cm。

现对 A 柱各取样孔土样测量的数据进行汇总，并分析 NH_4^+-N 淋溶迁移规律，土壤类别为龙南县某离子型稀土原矿土壤。淋溶液为模拟酸雨，用硫酸、硝酸按一定比例配制，pH 值控制在 5.5~5.6 之间。NH_4^+-N 在土壤柱中含量如图4-4所示。

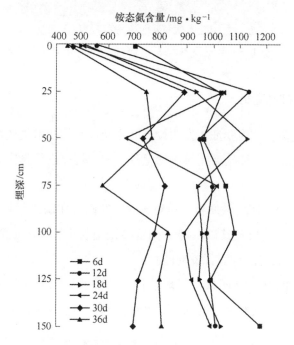

图 4-4 稀土原矿土壤中氨氮的垂直分布图（降去离子水）

由测定结果可知，各土层 NH_4^+-N 含量随淋滤时间的推移变化明显，待实验进行到第 30 天时，各土层的氨氮含量均有较大幅度的减少，后随着淋滤时间的推移，其含量进一步减少，实验结束时各土层总体含量低于初始水平，除表层和中间层土壤中氨氮含量低于 550mg/kg 外，其他土层含量均维持在 750mg/kg 左右，上层土壤仍有向下层土壤迁移的趋势，下层土壤氨氮略有积累。其中表层土壤中氨氮含量随淋洗液的增加逐渐减小，到实验中后期时，其含量基本稳定在450~500mg/kg 水平。25cm 和 50cm 土层处氨氮含量则是在实验前期有所增加，实验中后期时逐步减小至 720mg/kg 左右。75cm 层高土壤中氨氮含量的变化趋势则是淋洗前期逐渐减小，后期向下迁移速率逐渐增大，其含量快速减小至550mg/kg。下层土壤（含 100cm、125cm、150cm）中的氨氮含量在实验进行的前、中期均是逐渐减小，后期有少量积累，并维持在 750mg/kg 左右。

由于土壤中的岩土颗粒和土壤胶体表面多带负电，因而对带正电荷的铵根离子有较强的吸附力，实验前期，表层土壤中氨氮含量较高，超出了土壤对氨氮吸附量的饱和值，在淋洗水流动力下，这些处于可交换态的铵盐会随淋滤液向下面的土壤层迁移，从而使表层土壤中氨氮含量逐渐减小至其吸附量饱和值，上层土壤中氨氮含量累积量增加。随着实验的继续进行，淋洗量和淋洗时间的增加，上层土壤中铵盐继续向下迁移，致使柱体上层土壤中氨氮量先增加后减少。下层土壤由于其初始含量值远高于表层土壤及稀土土壤对氨氮的吸附量，因而在连续的淋洗水流冲击下，不断向下迁移并随浸出液流出，故下层土壤中铵根离子含量呈逐渐减小趋势。此外，根据此图不难推测此稀土原矿土壤对铵态氮的最大吸附量在 430~450mg/kg 之间，若是本实验继续进行，土壤柱上方继续保持淋溶状态的话，最终各土层中铵态氮含量将趋于一致，无限接近于土壤的最大吸附值。

这一变化规律与前期对稀土矿山原矿土壤中氨氮分布规律的实地考察成果一致。且通过实施本发明，能更深层次了解离子型稀土矿山土壤中氮素迁移规律，这对相关领域的技术人员进一步研究离子型稀土矿山氮素迁移转化机理及矿山浸矿带来的环境效应具有重要意义。

通过实验验证，本发明在离子型稀土矿山氮素迁移转化规律的研究方面取得了良好的效果，为室内研究离子型稀土矿土壤中氮素迁移转化规律提供了技术支持和方法，具有良好的可操作性、实用性。

淋溶条件下土壤中氮化物迁移转化规律

5.1 植被和降雨对土壤中氮化物迁移转化规律的影响

5.1.1 研究方法

以稀土矿山调查氮化物在离子型稀土矿土壤中的迁移转化为基础，于2012年7月20日在龙南县选取离子型稀土原矿土壤，带回实验室进行模拟氮化物迁移转化的试验研究。研究过程分为种植试验和模拟土柱实验两个部分，种植试验用来模拟检测植被系统对氮化物在土壤中的含量和赋存形态的影响，模拟土柱试验主要模拟土壤氮化物在单纯的降水条件下的基本情况。

5.1.1.1 种植试验

种植盆采用PVC管，管直径为20cm，高度为55cm。管体的侧面用打孔器在不同的高度打孔以采集土样，孔的高度自上到下依次为5cm、20cm、35cm、50cm，取样孔的直径为1cm。试验箱如图5-1所示。

将取回的离子型稀土原矿土壤置于PVC管中，铺设土层厚度50cm，孔对应的土层高度为0cm、15cm、30cm、45cm，土壤中移植矿山现场常见草本植物（韭兰），植物生长过程中根据土壤的实际情况进行不定期浇灌，浇灌水为蒸馏水。当植物根系与土壤达到平衡后进行试验，试验进行时期为两个月。根据矿山原地浸矿工艺的使用硫铵的量[75,79]（矿山使用较普遍的是质量浓度为2.5%的硫酸铵，未松动原矿固液比一般采用1∶0.5，矿山母液收集系统剩余母液残留量为

图 5-1　种植试验装置（彩色图参见附录图 4）

20%）计算出离子型稀土原矿土壤中应当施入的硫铵的量，溶解到水中一次性施于离子型稀土原矿土壤表层中，溶解硫铵的水量以装置底部有渗漏为宜。

5.1.1.2　模拟土柱试验

模拟土柱高 80cm、内径 75mm，为有机高分子聚合物组成的 PVC 管，管壁上用打孔器开孔，孔的高度自上而下为 5cm、25cm、45cm、65cm。底部用相同材质的板加盖密封，盖子上以辐射状打孔，所有孔径为 1cm。底部铺设滤布，厚度以土壤不渗出为宜。填充土质为风干并经过 3mm 筛的离子型稀土原矿土壤，填充高度为 75cm（记录填充原矿的质量），然后在土柱表面放置一张直径 70mm 左右的滤纸，以保证加水时土壤表面平整且水分能均匀地向土柱中渗透，加水调节土柱含水量。静置 24h 后，去掉滤纸片，按照试验设计的用量将硫酸铵（$(NH_4)_2SO_4$）溶液施于土柱顶端，在 PVC 管顶端用塑料薄膜封口，以减少培养过程中的水分损失，并用针扎若干小孔以保证通气，然后竖直放置在室内培养。实验装置如图 5-2 所示。

模拟降雨设定高（汛期）、中（年均降水量）、低（枯水期）三个雨量范围，模拟降雨采用去离子水淋洗，具体方法：采用注射器分别吸取 68.4mL、38.8mL、

图 5-2　模拟土柱试验装置（彩色图参见附录图 5）

19.8mL 去离子水注入土柱中，每天进行一次，持续两个月，其淋洗水总量分别相当于赣南地区在汛期（700mm）、年均降雨量（1587mm）和枯水期（203mm）条件下两个月的降雨量，即 467mm、265mm 和 135mm。

设计硫酸铵的用量按照矿山原地浸矿工艺的使用硫铵的量（矿山使用较普遍的是质量比浓度为 2.5% 的硫酸铵，未松动原矿固液比一般采用 1 : 0.5，矿山母液收集系统剩余母液残留量占 20%），计算出离子型稀土原矿土壤中应当施入的硫酸铵的量。整个培养期为 60 天，并在培养开始后的第 1、5、10、17、24、31、38、45、52、59 天分别从打孔处取样，取样深度为 0cm、20cm、40cm、60cm。

5.1.1.3　样品采集和预处理

实验从氮化物在离子型稀土原矿土壤中剖面的残留量分布变化分析。土壤样品按剖面不同的深度（对应的取样孔高度）采集，取样后风干。将大块土壤碾碎，并用 0.15mm(100 目) 筛筛选，准确称取 2g，精确至 0.01g，放入干净的烧杯中。

5.1.1.4　测定项目及方法

测定项目：铵态氮（NH_4^+-N）、硝态氮（NO_3^--N）、总氮。

测定方法：详见第 3.3 节内容。

5.1.2　稀土矿土壤中氮化物含量的时间分布特征

5.1.2.1　表层土壤氮化物淋溶动态

在不同淋水量和种植植物条件下氮化物在土壤表层中的含量随时间的变化如图 5-3 所示。

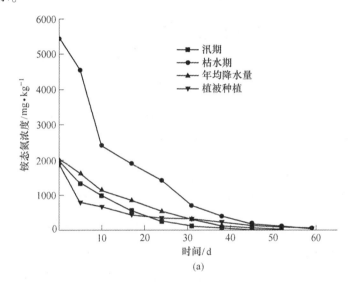

(a)

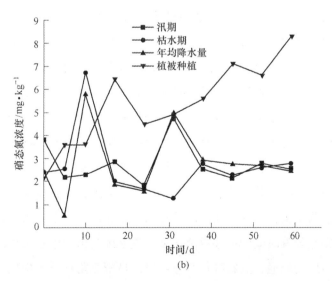

(b)

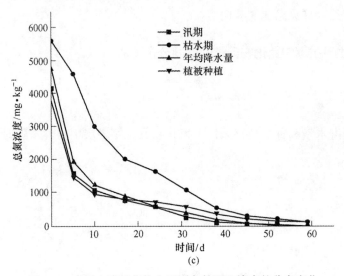

图 5-3　表层土壤氮化物在不同条件下土壤中的分布变化

（a）土壤中铵盐含量的变化；（b）土壤中硝酸盐氮含量的变化；（c）土壤中总氮含量的变化

由图 5-3 可以看出，在不同程度淋水量和种植植被条件下铵盐、硝态氮或总氮在土壤中含量随时间的推移变化趋势基本相同。由图 5-3（a）可知，铵盐（NH_4^+）在不同条件下在土壤表层的变化趋势都是随着时间的推移明显的减少，在枯水淋洗水量条件下土壤中的铵盐含量的初始值为 5439mg/kg，实验结束时土壤的残留量为 45mg/kg；在汛期淋洗水量条件下从初始值 1964mg/kg 下降到 21.4mg/kg；在年均降雨淋洗水量条件下土壤中铵态氮由 2017mg/kg 下降到 34.8mg/kg；可以发现土壤残留量较高的是在降水量较少的枯水期。在种植作物的条件下铵盐的变化走势相对其他条件下都比较平缓，由初始值 1858mg/kg 下降到 53mg/kg，在前期铵盐含量低于汛期淋洗水量条件下的铵盐残存量，实验结束后土壤中的铵盐的残存量较高则是由于植物根系的作用改善了土壤的微环境使土壤中有机质增加，有机质具有保水保肥的效果，抑制铵氮向土壤深层的运移。

从图 5-3（b）中可以看出，在不同降水量和种植植被条件下硝酸盐的变化一直保持在一个平稳的数值下，变化值基本在 2mg/kg 左右浮动，实验结束后土壤中的残存量与土壤施加硫铵药剂后的背景值很相近。但是种植作物后土壤中的硝态氮含量则是随着时间的推移逐渐增多，这是因为植物根系可以改善土壤的孔隙度，促进空气的流通，其新陈代谢也可以改良根系附近土壤中硝化微生物的生存条件，使其环境更有利于土壤中的硝化菌的繁殖和代谢，促进了硝化作用。

对比图 5-3（a）和图 5-3（c）可以看出，测定出的总氮的变化图与铵盐的变化几乎一致，在枯水期条件下从 5588mg/kg 下降到 103mg/kg；汛期条件下从 1964mg/kg 下降到 46.7mg/kg；在年平均降水量条件下两个月时间段内从 2017mg/kg 下降到 68mg/kg；在种植作物条件下由初始值 3796mg/kg 下降到 74mg/kg，也是由于植物根系的保水保肥作用，前期氮化物含量相对灌水条件下较低，后期含量较高，这也说明植被能够抑制氮化物的淋溶。

对其进行方差分析，结果见表 5-1。

表 5-1 对铵态氮、硝态氮总氮的方差分析结果

项目	F_R（降雨量）	$F_{0.05}$（2，18）	F_R（时间）	$F_{0.05}$（9，18）
铵态氮	7.80	3.55	8.34	2.46
硝态氮	7.21	3.55	1.05	2.46
总氮	10.16	3.55	33.31	2.46

对以上方差分析结果进行解释，对于铵氮，由于 $F_R = 7.80 > F_{0.05}$（2，18）= 3.55，即不同的降雨量对铵态氮的淋洗迁移产生了不同的影响；由于 $F_R = 8.34 > F_{0.05}$（9，18）= 2.46，即随着时间的推移降雨量对铵态氮的淋洗迁移产生了不同的影响。对于硝态氮，由于 $F_R = 7.21 > F_{0.05}$（2，18）= 3.55，即不同的降雨量对硝态氮的淋洗迁移产生了不同的影响；由于 $F_R = 1.05 < F_{0.05}$（9，18）= 2.46，即随着时间的推移降雨量对硝态氮的淋洗迁移没有产生影响。对于总氮，由于 $F_R = 10.16 > F_{0.05}$（2，18）= 3.55，即不同的降雨量对氮化物的淋洗迁移产生了不同的影响；由于 $F_R = 33.31 > F_{0.05}$（9，18）= 2.46，即随着时间的推移降雨量对氮化物的淋洗迁移产生了不同的影响。

矿山多采用硫酸铵作为浸矿药剂，此次试验所使用的硫铵（$(NH_4)_2SO_4$）药剂施于土壤后，立刻分解出 NH_4^+，就使得土壤中的铵盐值远远高于土壤的背景值，高含量的铵根离子几乎与总氮含量同步，而后由于淋洗水的冲刷和推移作用，土壤中的铵盐含量随着时间的推移迅速降低，在前 30 天土壤中的铵态氮和总氮的含量发生了明显地降低，其后虽然铵态氮和总氮的含量也一直在下降，但是下降速度明显的变得缓和下来，可能是因为当土壤中的铵态氮被淋洗剩余到一

定含量时，由于土壤胶体带负电，铵根离子带正电，剩余的铵根离子被土壤胶体吸附固定下来，所以导致下降速度变得迟缓。而硝酸盐作为硝化反应的最终产物在不同淋洗水量条件下始终保持一个平稳的数值，基本保持在 2mg/kg 左右，远低于土壤的背景值，结合野外调查土壤中有机质的含量急缺，有机质含量低土壤贫瘠和土壤的 pH 值偏低不适应硝化微生物的活动，说明离子型稀土矿区的土壤中的硝化微生物含量少，施入高含量的铵盐可以打破土壤中的硝化微生物适宜生存的条件，使硝化细菌死亡或停止新陈代谢，从而导致土壤中的硝态氮含量低于土壤的背景值。

5.1.2.2　20cm 层次土壤氮化物淋溶动态

如图 5-4 所示，氮化物在不同淋水量条件下土壤中的变化趋势基本相同。铵盐（NH_4^+）在不同淋洗水量条件下在土壤同一深度随着时间的推移明显地减少，在枯水期条件下土壤中的铵盐的含量由初始值 1484mg/kg 下降到 204mg/kg；在汛期条件下从初始值 1168mg/kg 下降到 19mg/kg；在年均降雨量条件下两个月时间内从 1386mg/kg 下降到 94mg/kg；在不同的降雨条件下，土壤中的铵盐含量几乎都是在实验的前 24 天急速降低，之后土壤铵盐的残留量虽仍在降低但变化趋于平缓，而且可以发现土壤中铵盐残留量较高的是降水量较少的枯水期，说明在铵氮含量高的情况下淋洗水会对铵盐产生明显淋溶作用。

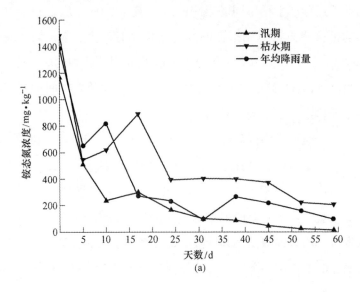

(a)

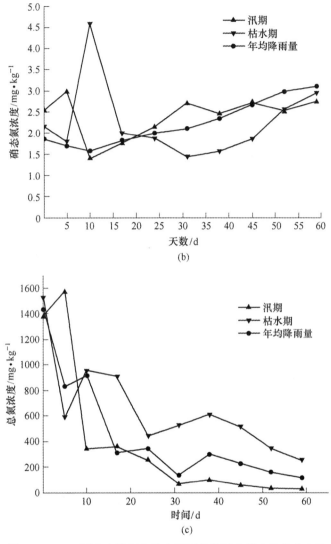

图5-4 20cm层次土壤氮化物在不同条件下土壤中的分布变化

（a）土壤中铵盐含量的变化；（b）土壤中硝酸盐氮含量的变化；（c）土壤中总氮含量的变化

从硝态氮的变化图5-4中可以看出，在不同降水量条件下硝酸盐的变化保持平稳，除第10天左右在枯水期条件下有一次高峰硝态氮达到4.6mg/kg外，在其他时间和条件下硝态氮含量一直维持在2.5mg/kg左右，实验结束后土壤中的残存量与土壤施加硫铵药剂后的背景值只是略有上升。

总氮含量的变化曲线与铵氮含量的变化图很相似，都随着时间的推移氮化物的含量也在减少。在枯水期条件下从 1526mg/kg 下降到了 259mg/kg，汛期条件下从 1376mg/kg 下降到了 30mg/kg，在年平均降水量条件下两个月时间段内从 1431mg/kg 下降到了 117mg/kg，而且同样是在试验前 24 天变化迅速，之后总氮含量的降低则变得平缓起来。

对其进行方差分析，结果见表 5-2。

表 5-2　对铵氮、硝态氮、总氮的方差分析结果

项　　目	F_R（降雨量）	$F_{0.05}$（2，18）	F_R（时间）	$F_{0.05}$（9，18）
铵氮	12. 24	3. 55	24. 29	2. 46
硝态氮	0. 16	3. 55	0. 46	2. 46
总氮	2. 73	3. 55	8. 57	2. 46

对以上方差分析结果进行解释，对于铵氮，由于 $F_R = 12.24 > F_{0.05}$（2，18）$= 3.55$，即不同的降雨量对铵态氮的淋洗迁移产生了不同的影响；由于 $F_R = 24.29 > F_{0.05}$（9，18）$= 2.46$，即随着时间的推移降雨量对铵态氮的淋洗迁移产生了不同的影响。对于硝态氮，由于 $F_R = 0.16 < F_{0.05}$（2，18）$= 3.55$，即不同的降雨量对硝态氮的淋洗迁移没有产生影响；由于 $F_R = 0.64 < F_{0.05}$（9，18）$= 2.46$，即随着时间的推移降雨量对硝态氮的淋洗迁移没有产生影响。对于总氮，由于 $F_R = 2.73 < F_{0.05}$（2，18）$= 3.55$，即不同的降雨量对总氮的淋洗迁移没有产生影响；由于 $F_R = 8.57 > F_{0.05}$（9，18）$= 2.46$，即随着时间的推移降雨的淋洗对总氮的淋洗迁移产生了影响。

5.1.2.3　40cm 层次土壤氮化物淋溶动态

如图 5-5 所示，在土壤埋深 40cm 处的铵盐的含量在枯水条件下由 128mg/kg 的初始值在第 45 天达到土壤含量的峰值 347mg/kg，然后逐渐降低至 147mg/kg；汛期条件下土壤初始值为 164mg/kg，在第 31 天达到峰值 255mg/kg，而后降低至 34mg/kg；年均降水量条件下由初始值 145mg/kg 在第 38 天达到峰值 375mg/kg，实验结束时土壤中残留量为 113mg/kg。前期土壤中铵盐含量逐渐升高，后期逐步降低。无论降水量的多少，土壤中的铵盐含量同时存在着先升高然后降低的现象，且随着降雨量的增加，达到峰值的时间越早。

由图 5-5（b）可知，土壤中的硝态氮含量在汛期和枯水期条件下实验前期

随时间推移逐步下降，之后土壤中的含量趋于平稳。枯水条件下由 9.9mg/kg 降至 2.13mg/kg，之后含量主要在 2~4mg/kg 范围内浮动。汛期条件下硝态氮浓度从开始的 5.7mg/kg 降至 1.4mg/kg，而后硝态氮浓度维持在 3.5mg/kg 以下。年均降雨量条件下除在第 31 天左右有个高峰，最大值为 6.56mg/kg，其余含量值均在 4mg/kg 左右浮动。其埋深 40cm 层次硝态氮含量远远小于土壤背景值，是因为高含量的铵盐抑制了微生物的活动，加之土壤为沙壤土营养贫乏，更加致使硝态氮含量低于一般土壤。

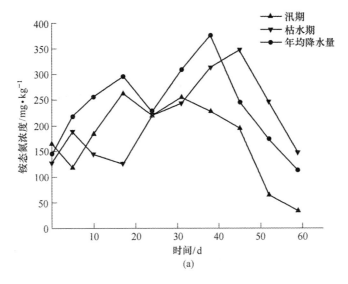

(a)

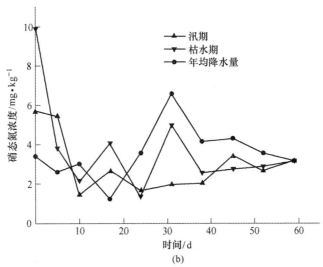

(b)

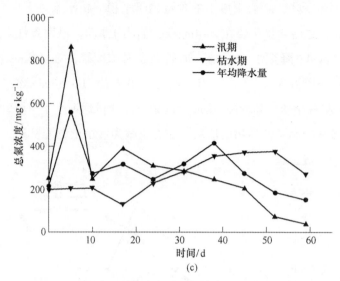

(c)

图 5-5　40cm 层次土壤氮化物在不同条件下土壤中的分布变化

（a）土壤中铵盐含量的变化；（b）土壤中硝酸盐氮含量的变化；（c）土壤中总氮含量的变化

由图 5-5（c）可知，在汛期、枯水期和年均降雨条件下土壤中的氮化物含量分别由初始期的 253mg/kg、196mg/kg 和 216mg/kg 变为 37mg/kg、271mg/kg 和 153mg/kg。各处理氮化物含量变化规律相似，均在实验前期淋洗水量越多土壤中的氮化物含量越高，这是因为实验前期土壤表层的氮化物随着淋洗水的作用运移到土壤深层次；试验后期淋洗水量越多则土壤中残留的氮化物越低，这是因为土壤表层大量的氮化物随着实验用水的淋洗含量越来越低，迁移到 40cm 层次的量也越来越小。随着淋洗实验的进行，导致了本层次向下迁移的氮化物的量与土壤表层迁移到 40cm 层次处的氮化物的量的比值越来越大，于是就造成了这种前期淋洗水越多氮化物含量越高，后期淋洗用水量越多氮化物含量越低的现象。对其进行方差分析，结果见表 5-3。

表 5-3　对铵氮、硝态氮、总氮的方差分析结果

项目	F_R（降雨量）	$F_{0.05}$（2，18）	F_R（时间）	$F_{0.05}$（9，18）
铵氮	3.15	3.55	3.77	2.46
硝态氮	0.58	3.55	1.85	2.46
总氮	0.16	3.55	1.66	2.46

对以上方差分析结果进行解释，对于铵氮，由于 $F_R = 3.15 < F_{0.05}$（2，18）= 3.55，即不同的降雨量对铵态氮的淋洗迁移没有产生影响；由于 $F_R = 3.77 > F_{0.05}$（9，18）= 2.46，即随着时间的推移降雨的淋洗对铵态氮的淋洗迁移产生了影响。对于硝态氮，由于 $F_R = 0.58 < F_{0.05}$（2，18）= 3.55，即不同的降雨量对硝态氮的淋洗迁移没有产生影响；由于 $F_R = 1.85 < F_{0.05}$（9，18）= 2.46，即随着时间的推移降雨的淋洗对硝态氮的淋洗迁移没有产生影响。对于总氮，由于 $F_R = 0.16 < F_{0.05}$（2，18）= 3.55，即不同的降雨量对氮化物的淋洗迁移没有产生影响；由于 $F_R = 1.66 < F_{0.05}$（9，18）= 2.46，即随着时间的推移降雨的淋洗对总氮的淋洗迁移没有产生影响。

5.1.2.4 60cm 层次土壤氮化物淋溶动态

如图 5-6 所示，各条件下铵态氮浓度变化规律相似，均在前 38 天淋洗过程中逐渐升高，汛期、枯水期和年均降雨条件下由开始状态的 78mg/kg、68mg/kg 和 73mg/kg 上升到 264mg/kg、301mg/kg 和 247mg/kg，之后随着时间的推移铵态氮又分别降低到 56mg/kg、253mg/kg 和 103mg/kg。试验后期各处理条件下铵氮含量仍然有下降的趋势，因汛期水量充足铵氮向下的淋洗量多，含量稍低于初始值，枯水条件和年均降水条件下铵氮含量较初始值有所升高。

由图 5-6（b）可得各处理条件下硝态氮含量初始值较高，实验前期随时间推移含量下降，汛期、枯水期和年均降雨条件下由 6.3mg/kg、8.7mg/kg 和 7.34mg/kg 分别下降到 2.52mg/kg、3.39mg/kg 和 3.19mg/kg，之后趋于平稳，除在汛期条件下在第 31 天到 45 天出现一个高峰，其余时期各处理条件下硝态氮含量均在 2mg/kg 到 4mg/kg 之间。

从图 5-6（c）中可以看出土壤 60cm 层次处氮化物的含量与土壤 40cm 层次处氮化物含量有相似之处，都有先升高后降低的现象出现，这也是因为随着时间的推移和淋洗水的作用，土壤上层的氮化物含量越来越低，而本层次处氮化物仍然会向下迁移。而且同样的也是前期降雨越多上层土壤中氮化物淋洗到此处的越多，故土壤中氮化物含量越高，到了一定的时期降雨量越多，土壤中的氮化物则向下淋洗迁移的越多从而导致了土壤中氮化物的含量越低。对其进行方差分析，结果见表 5-4。

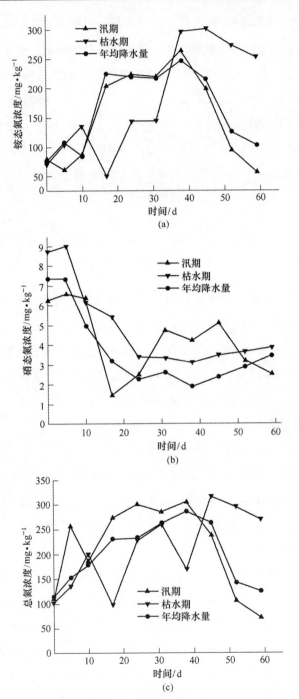

图 5-6　60cm 层次土壤氮化物在不同条件下土壤中的分布变化

（a）土壤中铵盐含量的变化；（b）土壤中硝酸盐氮含量的变化；（c）土壤中总氮含量的变化

表5-4　对铵氮、硝态氮、总氮的方差分析结果

项目	F_R（降雨量）	$F_{0.05}$（2，18）	F_R（时间）	$F_{0.05}$（9，18）
铵氮	0.52	3.55	3.07	2.46
硝态氮	3.40	3.55	10.00	2.46
总氮	0.11	3.55	1.91	2.46

对以上方差分析结果进行解释，对于铵氮，由于 $F_R = 0.52 < F_{0.05}$（2，18）= 3.55，即不同的降雨量对铵态氮化物的淋洗迁移没有产生影响；由于 $F_R = 3.07 > F_{0.05}$（9，18）= 2.46，即随着时间的推移降雨的淋洗对铵态氮的淋洗迁移产生了影响。对于硝态氮，由于 $F_R = 3.40 > F_{0.05}$（2，18）= 3.55，即不同的降雨量对硝态氮的淋洗迁移产生影响；由于 $F_R = 10.00 > F_{0.05}$（9，18）= 2.46，即随着时间的推移降雨的淋洗对硝态氮的淋洗迁移产生了影响。对于总氮，由于 $F_R = 0.11 < F_{0.05}$（2，18）= 3.55，即不同的降雨量对氮化物的淋洗迁移没有产生影响；由于 $F_R = 1.91 < F_{0.05}$（9，18）= 2.46，即随着时间的推移降雨的淋洗对氮化物的淋洗迁移没有产生影响。

5.1.3　稀土矿土壤中氮化物含量的空间分布特征

5.1.3.1　铵态氮在土壤垂向剖面的变化

如图5-7所示，铵盐在不同降水量条件下在土壤中的垂直剖面变化趋势基本相似，铵盐在赣南地区汛期、枯水期和在年均降水量条件下在土壤中的含量变化趋势是随着土壤深度的增加而逐渐减少，尤其是在土壤表层20cm左右深度，铵盐的含量迅速减少，在土壤表层深度超过20cm时，铵盐含量减少的趋势则变得缓和下来。此外还可以看出土壤各深度铵盐含量是随着土壤淋洗水量的增加而逐渐降低的，而且在不同降雨量条件下每个土柱都有从土壤表面到土壤深度铵盐浓度近似相同的现象，在枯水期条件下该现象出现在第38天左右，年均降雨量条件下出现在第31天左右，而在汛期出现在第24天。在出现这种现象之前铵盐含量是随着土壤埋深而降低的，在这种现象之后，土壤中铵盐会出现少量的积累，然后再随深度的增加而有所积累。此外通过种植植被条件下与未种植植被条件下土壤中铵盐的分布图相对照，还可以看出种植植被条件下土壤中铵盐含量在各时

段和不同土壤层次处相对比较集中，变化比较小，在实验前期尤为明显。

由于所使用的浸矿药剂为硫酸铵（$(NH_4)_2SO_4$），且是将硫酸溶液从土壤表层施入，施入后前期土壤表层的铵盐含量极高，高达 2000mg/kg。随着实验的进行，土壤表面的铵态氮有明显向下层土壤迁移的现象，在不同淋洗水量条件下，土壤各层次铵盐的变化速率汛期条件下高于年均降雨时期铵态氮的变化，枯水期铵态氮变化率最低。而且从图 5-7 中可以看出随着深度的增加，土层中铵盐的含量减少的趋势变缓，这说明铵盐由于土壤胶体的吸附，不易随水流向下迁移，所以在土壤表层的含量比土壤深层的含量较高。

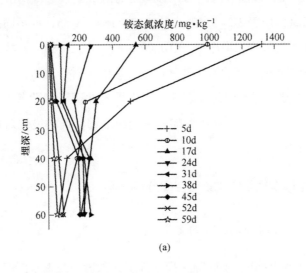

(a)

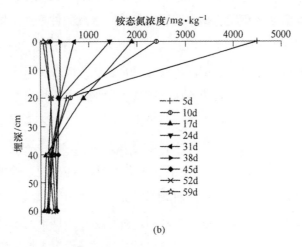

(b)

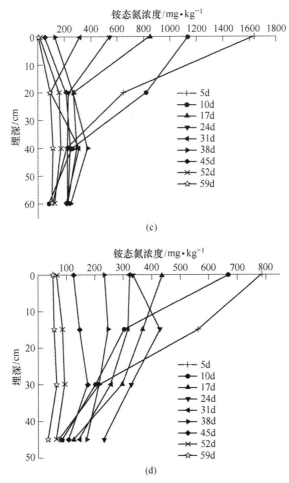

图 5-7　铵态氮在土壤中垂向剖面的变化图

(a) 铵盐在汛期条件下的分布特征；(b) 铵盐在枯水期条件下的分布特征；
(c) 铵盐在年均降水条件下的分布特征；(d) 铵盐在植被种植条件下的分布特征

　　铵根离子的迁移机理主要是扩散作用，由于土壤胶体和颗粒的巨大的比表面积和带负电性，对铵根离子有很强的吸附作用，使得一部分铵根离子可以保存在土壤中，但是当铵根离子的含量超过土壤的容量时，铵根离子的自由扩散作用也可以使铵根离子向土壤下层和地下水进行迁移，对土壤和地下水造成污染。所以增施有机肥料可以加大土壤颗粒的表面积和增加土壤胶体颗粒，进而阻止和延缓氮化物向土壤深层迁移或在厌氧条件下进行反硝化作用转化为氮气释放到大气中，在一定程度上可以防止氮化物的流失。

5.1.3.2　硝态氮在土壤垂向剖面的变化

如图 5-8 可知，在淋洗水条件下土壤 0~20cm 的土层中，硝态氮残留量持续降低，在土壤 20cm 位置处达到最小值，随着土壤埋深的增加，硝态氮的含量又有所升高，在土壤最深层硝态氮含量最高，高于土壤表层的硝态氮残存量，并且有继续升高的趋势，说明硝态氮有向下层土壤和地下水体淋溶的现象。在植被种植条件下硝酸盐氮含量在整个土壤剖面的垂直方向变化数值不大，相对变化比较平缓，但出现了随着土壤的深度的增加而呈现先上升而后又下降的变化趋势，这也可能是因为种植植物条件下灌水较少，硝态氮被植物根系或土壤固定，向土壤下层的迁移量较少，在植物根系附近的土壤出现最高值。

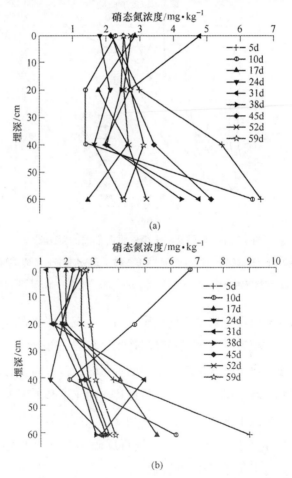

(a)

(b)

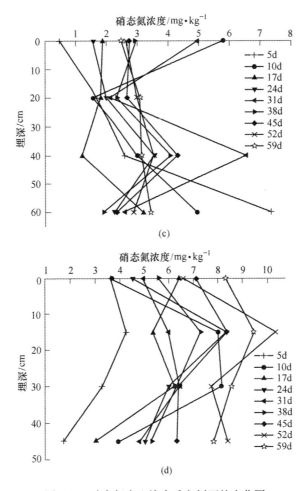

图 5-8　硝态氮在土壤中垂向剖面的变化图
(a) 硝态氮在汛期条件下的分布特征；(b) 硝态氮在枯水期条件下的分布特征；
(c) 硝态氮在年均降水条件下的分布特征；(d) 硝态氮在种植植物条件下的分布特征

　　硝酸盐氮极易被雨水冲刷淋失而造成地下水的污染，而且在淋洗水的条件下土壤深层硝酸盐氮含量比其他土层的残留量略高，以 3mg/kg 为分界线，随着淋洗水量的增加硝态氮的含量有降低的趋势，其中枯水期条件下土壤硝态氮残留量最高，年均降水条件下次之，汛期条件下含量最低。可能是因为在枯水期条件下，土壤中的水分较其他状态少，其空隙被空气代替，通风状况好，适宜硝化反应的进行，可以快速地使得土壤中的铵盐向硝酸盐转化。反之在汛期条件下水量充沛，土壤透气性较差，不易发生硝化反应，所以在汛期条件下土壤中的硝酸盐含量较低。

5.1.3.3　总氮在土壤垂向剖面的变化

如图 5-9 所示，土壤中的总氮在不同淋洗水量和植被种植条件下在土壤剖面中的垂向分布变化趋势基本相似，上层土壤中氮化物含量降低下层有所升高，说明土壤中氮化物都有向深层淋失迁移的现象，总氮存留量在赣南地区汛期、枯水期和在年均降水量条件下在土壤中的含量变化趋势是随着土壤深度的增加而逐渐减少，尤其是在土壤表层深度为 20cm 左右，总氮量的含量迅速减少，超过土壤深度 20cm 下，总氮量含量减少的趋势变得缓和下来。这与铵氮在土壤中的残留量图谱几乎一致，是因为施加大量的硫酸铵，使得土壤中的氮几乎完全是铵根离

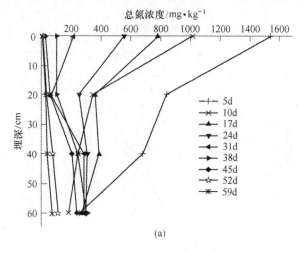

(a)

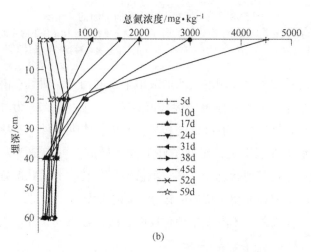

(b)

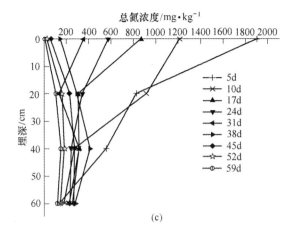

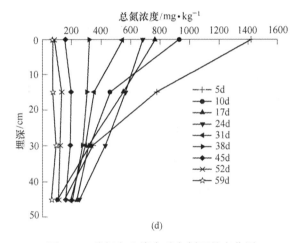

图 5-9　总氮在土壤中垂向剖面的变化图

（a）总氮含量在汛期条件下的分布特征；（b）总氮含量在枯水期条件下的分布特征；

（c）总氮在年均降水量条件下的分布特征；（d）总氮在种植植物条件下的分布特征

子。此外还可以看出种植植被的条件下土壤中总氮的残留量变化与淋洗条件下比较相对集中，变化较小，结合铵态氮在土壤中垂向剖面的变化可进一步确定种植植被可以有效地防止土壤氮化物的淋失。

在实验前期土壤中总氮的残留量是随着土壤的埋深而降低的，到了实验后期土壤中总氮的含量则随着埋深的增加和时间的推移在积累。这说明实验前期，土壤中的氮化物由于淋洗水的冲刷作用被淋溶进入土壤深处和地下水中去；到了实验后期，土壤上层的总氮被冲刷进入到下层土壤的量降低，且由于水分进入土壤后均匀渗透降低了水的水势和渗透势，则随着土壤的埋深淋洗作用降低，从而造成了土壤深层的总氮的积累，这就使土壤下层的总氮含量高于上层的总氮含量。结合图5-7和图5-9发现稀土矿土壤中氮化物主要以铵态氮形式存在，即铵态氮的淋失是导致土壤和地下水污染的主要原因，所以防止铵态氮的淋失是防止氮化物对土壤和地下水污染的有效途径。

5.1.4　降雨量对氮化物淋溶的影响

降雨量对氮化物淋溶有重要的影响，在试验中，通过模拟降雨对土柱每天进行淋洗，持续两个月，总淋洗水量相当于赣南地区汛期（700mm）、枯水期（203mm）和年均降雨量（1587mm）在两个月时间内的降雨，分别为467mm、135mm和265mm，折合换算后每次分别灌水68.4mL、19.8mL、38.8mL。通过对土壤不同层次总氮的残留量和降水量之间进行回归分析，发现土壤不同深度总氮残留量（y，mg/kg）和降水量（x，mm）之间分别与以下4种方程的拟合度最高：$y=ae^{bx}$、$y=ax^2+bx+c$、$y=a\ln x+b$ 和 $y=ax+b$，不同降雨量条件下土壤各层次总氮残留量和降雨量的拟合方程见表5-5。

表5-5　不同降雨量条件下土壤各深度总氮含量（y，mg/kg）与

降雨量（x，mm）的拟合方程

总降雨量/mm		467（汛期）	135（枯水期）	265（年均降雨）
深度/cm	0	$y=11674e^{-0.75x}$ $R^2=0.9623$	$y=-2624\ln x+5847.5$ $R^2=0.9827$	$y=10347e^{-0.649x}$ $R^2=0.9703$
	20	$y=2183.6e^{-0.462x}$ $R^2=0.932$	$y=-433.23\ln x+1322.1$ $R^2=0.7264$	$y=-562.2\ln x+1326$ $R^2=0.8923$
	40	$y=752.86e^{-0.224x}$ $R^2=0.6081$	$y=20.752x+148.67$ $R^2=0.5637$	$y=384.29e^{-0.059x}$ $R^2=0.2259$
	60	$y=-10.235x^2+106.23x+23.1$ $R^2=0.8245$	$y=-0.6553x^2+28.208x+77.583$ $R^2=0.6449$	$y=-7.4242x^2+85.612x+13.867$ $R^2=0.8278$

5.1.5　植被对氮化物淋溶的影响

植被系统是影响土壤中氮化物迁移转化的另一重要因素，在此次试验中，通过种

植植被研究土壤中氮化物迁移转化规律。通过对土壤不同层次总氮的残留量和淋溶时间之间进行回归分析，发现土壤不同深度总氮残留量（y，mg/kg）和时间（x，d）之间分别与以下 4 种方程的拟合度最高：$y=ae^{bx}$、$y=ax^2+bx+c$、$y=a\ln x+b$ 和 $y=ax^b+c$，种植植物条件下土壤各层次氮化物残留量和时间的拟合方程见表 5-6。

表 5-6　种植植被条件下土壤各深度氮含量（y，mg/kg）与时间（x，d）的拟合方程

氮化物类型		铵态氮	硝态氮	总氮
深度/cm	0	$y=8.5487x^2-176.84x+950.81$ $R^2=0.9805$	$y=0.0291x^2+0.2117x+3.6495$ $R^2=0.7408$	$y=-623.6\ln x+1444.3$ $R^2=0.9759$
	15	$y=-2.0043x^2-34.957x+517.81$ $R^2=0.8396$	$y=0.0189x^2+0.3559x+5.1112$ $R^2=0.5795$	$y=0.1126x^2-81.092x+782.12$ $R^2=0.8975$
	30	$y=-8.9286x^2+68.019x+147.64$ $R^2=0.8758$	$y=4.3055x^{0.2741}$ $R^2=0.4896$	$y=-6.9675x^2+36.009x+307.26$ $R^2=0.8677$
	45	$y=-8.1667x^2+76.533x-8.8333$ $R^2=0.749$	$y=0.0078x^2+0.6692x+1.5455$ $R^2=0.9003$	$y=-7.9383x^2+70.066x+66.381$ $R^2=0.7472$

5.2 酸雨条件下土壤中氮化物迁移转化规律

5.2.1 实验方案

实验采用的是动态柱式淋滤实验，实验装置结构及详细说明见第 4 章。一共涉及 4 根土壤柱，分别标记为 A 柱、B 柱、C 柱、D 柱，充填土壤依次为离子型稀土矿山原矿土壤、校园草坪一般土壤、正在浸矿土壤、尾矿土壤。其中，A 柱、B 柱对比研究内源性稀土元素对土壤中氮素迁移转化规律的影响。其淋溶实验分为两部分，前半部分为期 42 天，模拟稀土矿山浸矿所用剂量，配制质量浓度为 1.5% 的硫酸铵溶液，并用水泵 24h 不间断淋洗；后半部分为期 36 天，参照赣南地区近年年均降雨量 1587mm，采取一天模拟 8 个月的降雨量，设置水泵转速，控制实际每天抽取 14.4L 淋滤液，设置定时开关运行参数，控制水泵每运转 90min，停歇 30min。C 柱、D 柱一天模拟 4 个月降雨量，实际每天淋洗水量为 7.2L，实验周期 42 天，并通过设置定时开关使水泵每运转 90min，停歇 30min，

如此循环。淋滤液采用蒸馏水配制，加 H_2SO_4、HNO_3、NaOH 调节其 pH 值为 5.4~5.6。每隔 6 天从各取样孔取样测量，取样深度：0cm、25cm、50cm、75cm、100cm、125cm、150cm。测量项目：NH_4^+—N、NO_3^-—N、T—N。

5.2.2   实验结果与分析

5.2.2.1   原矿土和一般土中氨氮的分布特征

由图 5-10 和图 5-11 可以看出，淋洗初期时，原矿土壤各土壤层中氨氮含量均值在 1300mg/kg，分布较为离散；一般土壤各土壤层氨氮含量均值在 1800mg/kg 左右，总体变化相对平稳，原矿中氨氮含量明显低于一般土壤，待淋洗进行到第 42 天时，原矿土壤层中氨氮平均含量在 2500mg/kg 左右，其总体水平略高于一般土壤。待实验结束，原矿土壤中氨氮含量增长范围为 1250~2000mg/kg，而一般土壤中氨氮增长量介于 250~700mg/kg 之间。原矿土对氨氮的吸附量远远大于一般农田土，其主要原因是原矿土壤中内源性稀土元素浓度较高，氮素的大量释放并随入渗流向深层土壤迁移过程中，被胶结在黏土矿物表面的稀土离子交换并吸附在土壤中，从而使土壤中的铵态氮含量大大增加。

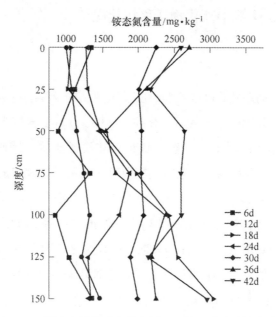

图 5-10   原矿中氨氮垂向分布图（A柱：降硫酸铵溶液）

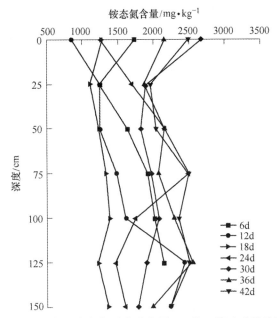

图 5-11 一般土中氨氮垂向分布图（B柱：降硫酸铵溶液）

从氨氮分布图的横向来看，原矿上层土壤（0cm、25cm、50cm）和中层土壤（75cm）中铵态氮含量总体上随淋洗量的增加和淋滤时间的延长呈上升趋势。下层土壤中铵态氮含量则在实验前 18 天增长较快，并达到该层氨氮量最大值，然后有下降的趋势，24 天后，各层土壤中氨氮含量又快速增长，到淋洗结束时，各土层铵态氮达到最大值，相比初始含量增长 2~3 倍。一般土壤中，各土层铵盐含量随淋洗天数的增加总体呈先下降后升高趋势，在第 18 天时，除表层外，其他各土壤层中氨氮量降至最低值，待淋滤 42 天后，土壤层中铵态氮含量达到最大值，其总体氨氮增量平稳。

由于原矿土壤中含有大量稀土元素，这些带正电的稀土离子能与 NH_4^+ 发生交互作用，并置换出稀土元素，随着淋滤的进行，铵根离子不断被截留并吸附于土壤颗粒中，使土壤中铵态氮含量持续上升，直至达到其饱和吸附值。还有一部分的铵盐随淋滤液不断向下层土壤快速迁移，造成短时间内大量铵盐淤积在下层土壤中，这些处于可交换的铵盐并不稳定，很快又被水流冲击到更下层土壤中并随浸出液流出。一般土壤由于采自花园土，氮素含量较高，分析淋洗前期其氨氮含量下降是因为土壤堆放较松散，土壤矿物质含量低且孔隙率大，氨氮在土壤层向下迁移速率远大于其被土壤胶体吸附速率所致。随着土壤中铵态氮的大量流失，不断迁移到浸出液中，远低于土壤的最大吸附量值，铵盐开始累积增加。

5.2.2.2　原矿土和一般土中硝态氮的分布特征

由图 5-12 和图 5-13 可知，实验初期，原矿土中硝态氮纵向分布较为离散，其各层土壤硝态氮平均水平在 22mg/kg 左右，最低含量在 17mg/kg 左右。一般土壤中硝酸盐分布则较为集中，各层均量在 15mg/kg 左右，明显低于稀土原矿土壤的硝氮水平。待淋洗到第 36 天时，两类土壤各土层中硝态氮总量降至最低值，且分布更为集中，之后一个星期，其含量略有增长，待淋滤结束时，各土层硝酸盐含量均有所降低，原矿土中硝氮的减少幅度在 5~16mg/kg 之间。一般土壤的减幅介于 5~8mg/kg 之间。硝态氮在原矿土壤中淋溶损失量明显大于一般土壤。分析其原因是因为原矿土中矿物颗粒和晶体含量较多，使其土壤砂性增强，孔隙率增大，水流剪切阻力小于黏性较高的一般农田土，因而硝氮在原矿土中的迁移速率和迁移量大于在一般土壤中。

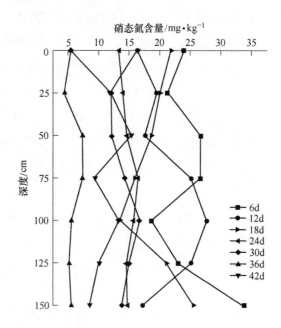

图 5-12　原矿土中硝态氮垂向分布图（A 柱：降硫酸铵溶液）

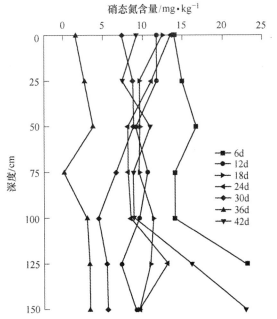

图 5-13 一般土中硝态氮垂向分布图（B柱：降硫酸铵溶液）

从硝氮分布图的横向来看，随淋滤时间的递增，原矿土层中，除埋深 100cm 处硝氮含量在前 6 天增长较快外，其他土层中基本呈先降后升的增长趋势，直至淋滤至第 36 天时，各土壤层硝氮含量降至临界状态，后期略有增长，待淋滤结束时，各埋深土壤中硝氮含量较初始水平降低幅度较大，约为实验初期总量的 1/3~1/2，硝态氮淋溶损失较为严重。一般土壤除 125cm 埋深处硝氮含量随淋滤天数成 W 形变化外，其他各土层的变化规律基本上是先降后升，与原矿土中硝氮的变化规律相似，淋滤至第 36 天时，各土壤层硝氮含量降至最低值，接下来的 6 天增长较快，至实验结束时，各土层硝氮量仍小于初始水平，其含量约为初始水平的 2/3。

由于硝态氮所带电荷与土壤胶体表面电荷一样，故硝氮不易被土壤中的岩土颗粒吸附，在淋滤液的不断冲刷下，残留在土壤中的硝氮极易溶解在水溶液中，并逐渐迁移至下层土壤及浸出液中，从而造成原矿土和一般土各土层中硝态氮随淋洗量的增加呈逐渐减少趋势，当土壤中某一土层的硝氮含量较低，其溶解于水中并随淋洗液向下迁移量小于硝氮在该层滞留量时，该层硝酸根在短期内将有所累计，这与该层土壤的颗粒结构、孔隙率及含水量有关，此外，氮素在非饱和带运移时，还可能发生各种复杂的物理、化学和生物反应，如硝化作用或反硝化作用等。

5.2.2.3 原矿土和一般土中总氮的分布特征

由图 5-14 和图 5-15 可知，淋洗初期时，原矿土壤各土壤层中总氮含量均值在 1300mg/kg，分布较为离散，一般土壤各土壤层总氮含量均值在 1800mg/kg 左右，总体变化相对平稳，原矿中总氮含量明显低于一般土壤，待淋洗结束时，原矿土壤层中总氮平均含量在 2700mg/kg 左右，其总体水平略高于一般土壤。待实验结束，原矿土壤中总氮含量增长范围为 1250~2000mg/kg，而一般土壤中总氮增长量介于 250~700mg/kg 之间。

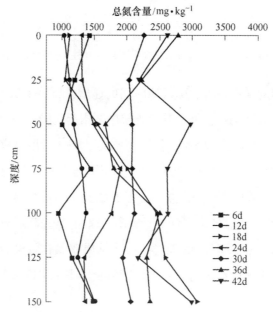

图 5-14 原矿土中总氮垂向分布图（A 柱：降硫酸铵溶液）

从各层土壤中总氮量随淋洗时间变化来看，原矿上中层土壤中总氮含量总体上随淋洗量的增加和淋滤时间的延长呈上升趋势。下层土壤中总氮含量则在实验前 18 天增长较快，并达到该层总氮量最大值，然后有下降的趋势，24 天后，各层土壤中总氮量又快速增长，到淋洗结束时，各土层总氮达到最大值，相比初始

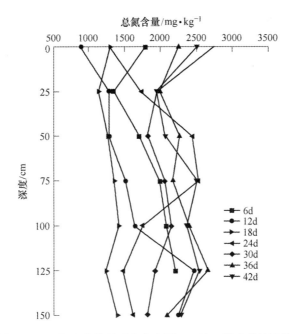

图 5-15　一般土中总氮垂向分布图（B 柱：降硫酸铵溶液）

含量增长 2~3 倍。一般土壤中，各土层氮含量随淋洗天数的增加先降后升，在第 18 天时，除表层外，其他各土壤层中总氮量降至最低值，待淋滤至 42 天后，各埋深土层氮含量达到最大值。两类土壤的总氮垂向分布图与氨氮的在土壤垂直剖面分布图几乎一致，这是因为浸矿药剂硫酸铵溶液源源不断地从表层土壤施入，使得土壤中氨氮量急剧升高，其总含量远远大于土壤中硝氮量。由此可知，稀土矿土壤中氮化物主要以铵盐形式存在，向土壤中添加一定量的稀土矿有利于提高土壤驻氮能力，增加土壤肥力，并防止氨氮淋溶至地下水层中。

5.2.2.4　原矿土和一般土中氨氮的分布特征（模拟酸雨）

由图 5-16 和图 5-17 可知，原矿土壤中，各土层 NH_4^+—N 含量随淋滤时间的推移变化明显，待实验进行到第 30 天时，各土层的氨氮含量均有较大幅度的减少，后随着淋滤时间的推移，其含量进一步减少，除表层和中间层土壤中氨氮含量低于 550mg/kg 外，其他土层含量均维持在 750mg/kg 左右，实验结束时各土层总体含量低于初始水平，平均减少量在 200mg/kg 左右。淋滤初期，一般土壤中氨氮量随埋深的增加而增大，其变化范围为 800~1900mg/kg，随淋洗液的增加和淋滤时间的增长，各土壤层氨氮含量逐渐减少，至 36 天后，各埋深土壤中氨氮量已降至临界值，平均含量在 500mg/kg 左右，且分布相对集中，各土层氨氮流失量介于 350~1300mg/kg。一般土壤中氨氮的淋失量明显大于原矿土。

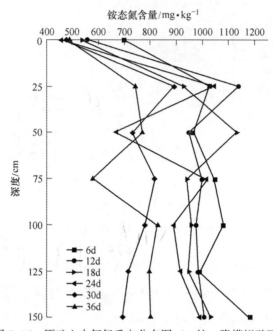

图 5-16 原矿土中氨氮垂向分布图（A柱：降模拟酸雨）

从氨氮含量随淋洗时间的变化来看，至淋洗结束时，原矿土中上层土壤仍有向下层土壤迁移的趋势，下层土壤氨氮略有积累。其中表层土壤中氨氮含量随淋洗液的增加逐渐减小，到实验中后期时，其含量基本稳定在 450~500mg/kg 水平。25cm 和 50cm 土层处氨氮含量则是在实验前期有所增加，实验中后期时逐步减小至 720mg/kg 左右。75cm 层高土壤中氨氮含量的变化趋势则是淋洗前期逐渐减小，后期向下迁移速率逐渐增大，其含量快速减小至 550mg/kg。下层土壤（含 100cm、125cm、150cm）中的氨氮含量在实验进行的前、中期均是逐渐减小，后期有少量积累，并维持在 750mg/kg 左右。而一般土壤中各土层铵态氮量则呈逐渐减小趋势，前期减小速率较大，后期逐渐变缓。

由于土壤中的岩土颗粒和土壤胶体表面多带负电，因而对带正电荷的铵根离

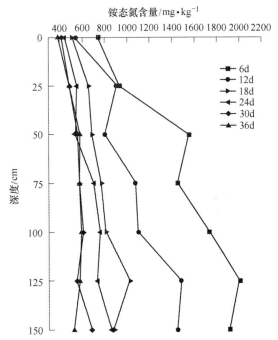

图 5-17 一般土中氨氮垂向分布图（B柱：降模拟酸雨）

子有较强的吸附力，实验前期，两类土壤表层土壤中氨氮含量较高，超出了土壤
对氨氮吸附量的饱和值，在淋洗水流动力下，这些处于可交换态的铵盐会随淋滤
液向更深的土壤层迁移。而稀土原矿土中稀土离子浓度较高，在实验的第一部分
对 A 柱、B 柱模拟浸矿中，淋滤液中大量的铵根离子被黏附在稀土土壤中的稀土
离子置换并存于土壤中，在模拟酸雨的冲刷下，这些胶结态的 NH_4^+ 仍易溶解在
土壤溶液中并随水流向下迁移。故在流速相近的淋洗水流的冲击下，土壤胶体表
面滞留的铵根离子虽然都有所淋失，但稀土原矿中氨氮损失量总体小于一般土壤
中的淋失量。

5.2.2.5 原矿土和一般土中硝态氮的分布特征（模拟酸雨）

由图 5-18 和图 5-19 可知，淋滤初期，原矿各土壤层中硝态氮含量分布在
14~22mg/kg 之间，上层土壤中硝氮含量高于下层土壤。一般土壤硝氮初始含量
则在 8~14mg/kg 之间，除表层土壤中硝氮含量在 14mg/kg 外，其余土层中硝氮
均值在 8mg/kg 左右，分布较为集中，截至淋洗结束时，原矿土和一般土的上层

土壤中硝酸盐有所淋失，下层土壤则稍有累积。总的来说，原矿土中硝酸盐的淋失量及累积量远远大于一般土壤。原矿土的表层、25cm、75cm 及一般土的表层淋溶损失量要大于其他土层。两种土壤中，各层土壤硝氮随淋洗天数的变化规律一致，均是前 12 天快速减小，后 6 天有所增加，第 18 天到 24 天淋洗中期其含量下降较快，实验后期稍有增长，呈 W 形变化趋势。

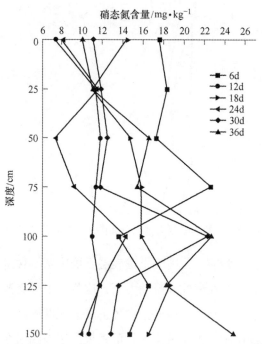

图 5-18　原矿土中硝态氮垂向分布图（A 柱：降模拟酸雨）

　　分析其主要原因是土壤胶体和黏土颗粒表面带负电荷，对硝酸根产生负吸附。表层土壤因其通风良好，在土壤微生物作用下发生硝化反应，使表层土壤中硝态氮含量较高，在淋洗水流作用下，表层土壤中的硝酸盐不断向下层土壤迁移，当下层土壤中硝酸盐在土壤溶液中溶解速率大于析出速率时，其含量会逐渐降低，随着淋滤量的增加，土壤不断被压实，其孔隙率降低，土壤对硝氮的截留量大大超过其淋失量，使得本土壤层的硝氮含量短期内增加，随着取样造成相关土壤层内部中空，淋滤水流会在此短暂的淤积和滞留，使得周围土壤中硝酸根大量溶解在土壤液中并逐渐向下渗透直至排出柱体外。原矿土因其含矿石多，且土壤粒径分布较大，砂性强，且孔隙率要大于一般土壤，故硝态氮在原矿土中的迁移速率和迁移量要大于一般土。

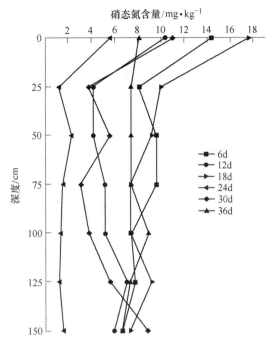

图 5-19 一般土中硝态氮垂向分布图（B 柱：降模拟酸雨）

5.2.2.6 原矿土和一般土中总氮的分布特征（模拟酸雨）

由图 5-20 和图 5-21 可知，原矿土壤中，各土层总氮含量随淋滤时间的推移变化明显，待实验进行到第 30 天时，各土层的总氮含量均有较大幅度的减少，后随着淋滤时间的推移，其含量进一步减少，实验结束时各土层总体含量低于初始水平，平均减少量在 200mg/kg 左右。实验初期，一般土壤中总氮量随埋深的增加而增大，其变化范围在 800~1900mg/kg 之间，随淋洗液的增加和淋滤时间的增长，各土壤层总氮含量逐渐减少，至 36 天后，各埋深土壤中总氮量已降至临界值，平均含量在 500mg/kg 左右，且分布相对集中，各土层总氮流失量介于350~1300mg/kg。一般土壤中总氮的淋失量明显大于原矿土。

原矿土表层土壤中氨氮含量随淋洗液的增加逐渐减小，到实验中后期时，其含量基本稳定在 450~500mg/kg。25cm 和 50cm 土层处氨氮含量则是在实验前期有所增加，实验中后期时逐步减小至 720mg/kg 左右。75cm 层高土壤中氨氮含量的变化趋势是，淋洗前期逐渐减小，后期向下迁移速率逐渐增大，其含量快速减

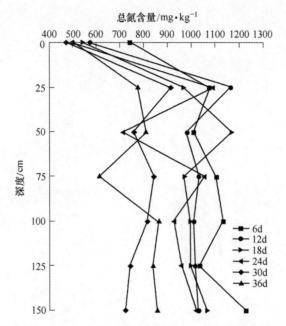

图 5-20 原矿土中总氮垂向分布图（A 柱：降模拟酸雨）

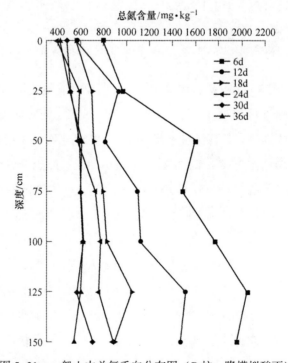

图 5-21 一般土中总氮垂向分布图（B 柱：降模拟酸雨）

小至550mg/kg。下层土壤（含100cm、125cm、150cm）中的总氮含量在实验进行的前、中期均是逐渐减小，后期有少量积累，并维持在800mg/kg左右。而一般土壤中各土层氨氮量则呈逐渐减小趋势，前期减小速率较大，后期逐渐变缓。与两类土壤中氨氮在垂直剖面的分布图一致，这是因为A柱、B柱在第一部分实验中对其进行模拟浸矿，淋滤液中大量的铵根离子被黏附在稀土土壤中的稀土离子置换并存于土壤中，使得土壤中的氮素大部分以铵根形式存在，硝酸根的累积及淋失量对总氮含量变化的影响因子极小。由此，可以得出稀土土壤对氨氮有一定的截留作用，稀土矿土壤中氮化物主要以铵根形式存在，铵态氮的流失是导致矿区土壤及周边水环境污染的主要原因。

5.2.2.7 正在浸矿土和尾矿土中氨氮的分布特征（模拟酸雨）

由图5-22和图5-23可知，正在浸矿土壤和尾矿土壤中氨氮量随淋洗时间的推移变化规律几乎一致，淋滤初期，尾矿各土壤层氨氮平均含量为110mg/kg左右，且不同土壤层其氨氮量变化较大。正在浸矿土壤中氨氮量均值则在90mg/kg左右，略小于尾矿土中所含氨盐量。随着淋滤时间的延长，各埋深土层中氨氮量

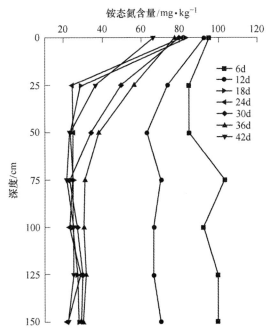

图5-22 正在浸矿土中氨氮垂向分布图（C柱：降模拟酸雨）

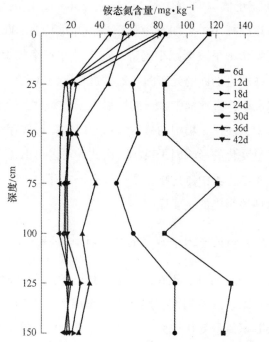

图 5-23　尾矿土中氨氮垂向分布图（D 柱：降模拟酸雨）

在实验前期均快速减小，并降至最低值。C 柱中出现这一折点的时间段是第 18
天至 24 天，在此期间内，除表层外，各埋深土壤含量变化范围在 5mg/kg 左右。
一般土壤出现这一特征则是在淋洗的第 18 天到第 30 天之间。后期各土壤层氨氮
量均稍有增长，待淋滤进行到第 36 天后，各土壤层氨氮量进一步下降，但减小
速率远远小于淋滤初期，至实验结束时，正在浸矿土壤除表层外其他各土层氨氮
均量在 30mg/kg 左右，各层氨氮减量范围为 50～80mg/kg。尾矿土壤中氨氮量的
最终水平则在 20mg/kg 左右，表层土壤中氨氮量略大于其他土壤，其减幅在 60～
100mg/kg 之间。氨氮在尾矿中的淋失量明显大于在正在浸矿土壤中的淋失量。
此外，氨氮在两类土壤的表层土壤中的含量均是随着淋洗量的增加而逐渐减
少的。

　　由于矿山浸矿药剂硫酸铵淋溶至土壤后铵根离子会不断与稀土土壤中的稀土
离子发生置换反应，并留存于土壤中，使稀土土壤中氨氮量增高，正在浸矿土壤
由于稀土开采不如尾矿完全，其含铵盐量不如尾矿土壤中的多。土壤柱淋滤前
期，由于土壤装填松结，孔隙率大，致使土壤对水流的截留阻力小，土壤中氨氮

大量溶于土壤溶液并随入渗流向下迁移至浸出液中，使前期各土壤层氨氮流失速率和流失量偏大，氨氮含量急剧减小。随着土壤逐渐被压实，其孔隙率降低，当本层土壤对铵根离子的截留量大于其向下迁移量时，本土壤层中铵盐含量则会略有增加。由于研究人员会定期从取样孔处抽取少量土样化验，造成打孔处（特别是上层土壤）形成较大的孔隙，使淋滤液淤积，周围土壤中的铵盐部分溶解在积液中，并慢慢渗流到土柱下端，从而使淋滤后期各土层处铵态氮含量变化无规律。尾矿中因可交换态的稀土离子含量不如正在浸矿土壤高，故其驻氮能力较弱。

5.2.2.8 正在浸矿土和尾矿土中硝态氮的分布特征（模拟酸雨）

由图 5-24 和图 5-25 可知，实验初期，正在浸矿土和尾矿土中硝氮含量均是随土壤埋深的增加而增大的，C 柱中硝态氮随埋深的变化范围是 5～20mg/kg，D 柱则介于 26～45mg/kg 之间。尾矿土中硝氮含量明显大于正在浸矿土壤中硝氮含量。淋滤至第 38 天时，两类土壤各土壤层中硝态氮含量降至最低水平，后期均稍有增长。至第 42 天时，尾矿土各埋深土层硝氮均量在 5mg/kg 左右，分布较为集中，相比初始水平减少了 22～40mg/kg，正在浸矿土上层土壤稍有积累，增量

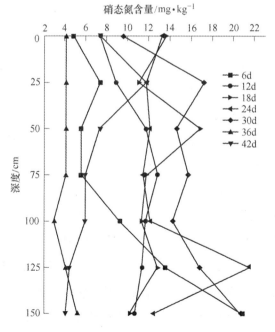

图 5-24 正在浸矿土中硝态氮垂向分布图（C柱：降模拟酸雨）

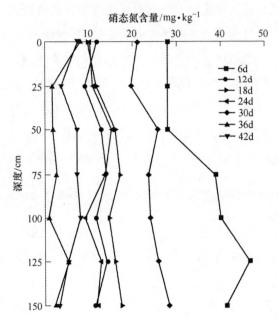

图 5-25 尾矿土中硝态氮垂向分布图（D 柱：降模拟酸雨）

在 2~7mg/kg 之间，下层土壤硝氮水平则低于初始含量，减量范围在 3~16mg/kg
之间。相比实验初期，C 柱土壤中硝态氮总体含量有所降低，但尾矿土壤硝氮淋
失量明显大于正在浸矿土壤。

从硝氮分布图的横向来看，在实验前期，正在浸矿土壤除 125cm 和 150cm
埋深处硝氮含量有所降低外，其余各土层硝氮含量均相对增加；待淋洗至第 30
天时，各埋深土壤中硝氮含量基本达到最大值，后期减幅较大，硝氮淋失严重；
到第 36 天时，各土层中硝氮含量已降至最低水平，随着模拟酸雨的继续冲刷，
表层土壤中硝氮不断向下层迁移，各土层硝酸盐量略有积累。尾矿土壤由于其硝
氮水平较高，淋洗前期，各土层硝氮量基本呈快速减少趋势，到第 12 天时，各
土层硝氮量重新开始增加；第 30 天后，尾矿各埋深土壤中硝氮含量达到最大值，
后期其变化趋势与正在浸矿土壤类似，均是降至临界值后再略有增加。

待试土样采自稀土矿山表层土壤，尾矿氨氮含量高，且表层通风良好，偏弱
碱性（pH 值为 7.58）的土壤环境更有利于硝化反应的进行，故尾矿土中硝氮含
量高于正在浸矿土壤中的硝氮含量，由于硝酸根极不易被土壤胶体吸附，在淋洗
水流作用下，表层土壤中的硝酸盐不断向下层土壤迁移，致使淋洗前期两类土中

下层硝氮含量总体高于上层。C 柱中上层土壤硝态氮含量过低，其向下迁移量不及硝化反应所增加的量和本土层滞留量，故降雨前期正在浸矿土壤柱中上土层硝酸盐量在逐渐积累。此外，基于尾矿中硝氮淋失量远远大于正在浸矿土壤中硝氮淋失量。分析原因可能是：淋滤后期土壤含水率已较高，透气性变差，使土壤中厌氧菌异常活跃，因反硝化作用在 pH 值为 7~8 之间最大，而尾矿土壤环境条件明显优于偏弱酸性的正在浸矿土。

5.2.2.9 正在浸矿土和尾矿土中总氮的分布特征（模拟酸雨）

由图 5-26 和图 5-27 可知，正在浸矿土壤和尾矿土壤中总氮量随淋洗时间的推移变化规律几乎一致，淋滤初期，尾矿各土壤层总氮平均含量 130mg/kg 左右，分布较为离散。正在浸矿土壤中总氮量均值则在 100mg/kg 左右，略小于尾矿土中所含氨盐量。随着淋滤时间的延长，各埋深土层中总氮量在实验前期均快速减小，并降至最低值。C 柱和 D 柱中出现这一折点的时间段是均是第 24 天。后期各土壤层总氮量均稍有增长，待淋滤进行到第 36 天后，各土壤层总氮量进一步下降，但减小速率远远小于淋滤初期，至实验结束时，正在浸矿土壤除表层和

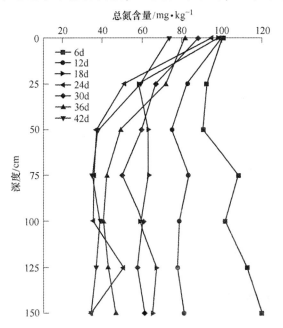

图 5-26 正在浸矿土中总氮垂向分布图（C 柱：降模拟酸雨）

25cm 土层外其他各土层总氮均量在 35mg/kg 左右，各层氮素减量范围为 30~70mg/kg。尾矿土壤中总氮量的最终水平则在 40mg/kg 左右，表层土壤中总氮量略大于其他土壤，相比初始水平，其减幅在 80~130mg/kg 之间。氮化物在尾矿中淋失量明显大于在正在浸矿土壤中淋失量。此外，总氮在两类土壤的表层土壤中的含量均是随着淋洗量的增加而逐渐减少的。两土壤柱总氮的垂向分布特征与氨氮的垂向分布特征类似。

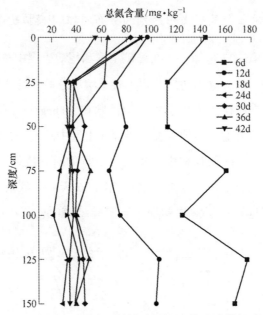

图 5-27　尾矿土中总氮垂向分布图（D 柱：降模拟酸雨）

这是因为尾矿土和正在浸矿土中残留有大量的浸矿药剂硫酸铵，使得土壤中的氮素大部分以铵根形式存在，硝酸根的累积及淋失量对总氮含量变化的影响因子极小。由此可知，稀土土壤对氨氮有一定的截留作用，稀土矿土壤中氮化物主要以铵根形式存在，铵态氮的流失是导致矿区土壤及周边水环境污染的主要原因。

5.3　土壤中氮素运移机理分析

5.3.1　溶质在土壤中的运移理论

土壤水分是土壤溶质迁移的重要载体，溶质在随入渗水运移过程中发生了一系列的物理、化学、生物过程变化，其中物理变化过程主要包括对流作用、机械弥散作用以及分子扩散作用[90]。

（1）对流作用，指的是水中的溶质随水在土壤孔隙中的流动过程。其表达式如下：

$$J_c = qc \tag{5-1}$$

式中，J_c 为溶质通量；q 为水通量；c 为溶质浓度。

（2）分子扩散作用，是指由于溶质在水中的分配不均匀而形成浓度梯度，从而使溶质分子从高浓度向低浓度扩散的作用。无论是静止还是动态的水介质中，浓度梯度的存在使水中的溶质分子总是处在运动状态。其数学表达式如下：

$$J_S = - D_S \frac{dc}{dx} \tag{5-2}$$

式中，J_S 为由分子扩散租用所形成的溶质通量；D_S 为溶质分子的分子扩散系数；$\frac{dc}{dx}$ 为溶质浓度梯度。

$$D_S = D_0 a e^{b\theta} \tag{5-3}$$

式中，D_0 为分子在纯水中的扩散系数；a、b 为经验参数；θ 为土壤单位体积含水率。

（3）机械弥散作用：恒温条件下多孔介质中流体所产生的溶质扩散效应。在总体上，水流应按某一平均流速运动。由于土壤介质孔隙、裂隙分布的不均匀，几何形状和大小的不同，使溶质在水流中实际上是沿着曲折的渗透途径运动的，由于水流的局部速度在大小和方向上发生着变化，引起溶质在介质中扩散的范围愈来愈大。其数学表达式为：

$$J_{sh} = - \theta D \frac{dc}{dx} \tag{5-4}$$

$$D = D_S + D_h = D_0 a e^{b\theta} + \partial |v|^n \tag{5-5}$$

5.3.2 溶质运移方程的建立

在连续降雨或者淋溶水量较大时，土壤中水分运移较快，此时土壤中溶质的主要运移机理为对流-机械弥散作用，分子扩散起到的作用则很小，一般情况下可以不予考虑。将其与质量守恒定律结合便得出溶质在土壤中的运移函数方程。只考虑一维情况，如式（5-6）所示。

$$\frac{\partial(\theta c)}{\partial t} = \frac{\partial}{\partial z}\left(\theta D \frac{\partial c}{\partial z}\right) - \frac{\partial(qc)}{\partial z} \tag{5-6}$$

式中，θ 为体积含水率；c 为溶质浓度；D 为水动力弥散系数；q 为水流通量；z 为垂直坐标。

5.3.3　土壤中氮素运移方程的建立

结合 HYDRUS-ID 数学模型和改进后溶质运移方程对土壤中氨氮、硝态氮的迁移进行简要的描述[91]。氮素在土壤中的基本转化模式如下：

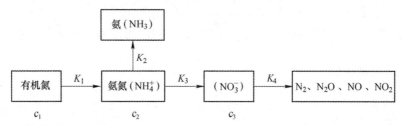

对于氨氮：

$$\frac{\partial c_2 \theta}{\partial t} + \frac{\partial c_2 \rho s}{\partial t} = \frac{\partial}{\partial t}\left[\theta D(\theta,\ q) \frac{\partial c_2}{\partial z}\right] - \frac{\partial(qc_2)}{\partial z} + \phi - U \tag{5-7}$$

$$\phi - U = (k_2 c_2 - k_3 c_2)\theta - S_r U_r \tag{5-8}$$

其中，c_2 为土壤溶液中氨氮浓度，mg/L；s 为线性吸附平衡常数；ρ 为土壤容重，mg/L；q 为垂向水分通量；$D(\theta,\ q)$ 为综合弥散系数，m/s^2；k_1，k_3 为有机氮的矿化速率和氨氮的硝化速率，mg/(g·h)；k_2 为氨氮的挥发速率；c_1 为土壤有机质含量，mg；c_3 为硝态氮的浓度，mg/L；S_r 为根系吸水量，mg；U_r 为根系吸收氨氮浓度，mg/L。

建立初始条件：

$$c(z,\ t) = c_1(z),\ 0 < z < L,\ t = 0 \tag{5-9}$$

上边界条件：

$$\begin{cases} c(z,\ t) = c_2,\ z = L,\ 0 < t \leq t_1 \\ c(z,\ t) = 0,\ z = L,\ t > t_1 \end{cases} \tag{5-10}$$

下边界条件：

$$\frac{\partial c}{\partial z}(L,\ t) = 0,\ z = 0,\ t > 0 \tag{5-11}$$

对于硝态氮：

$$\frac{\partial c_3\theta}{\partial t} = \frac{\partial}{\partial z}\left[\theta D(\theta,\ q)\frac{\partial c_3}{\partial z}\right] - \frac{\partial(qc_3)}{\partial z} + \phi - U \tag{5-12}$$

$$\phi - U = (k_3c_2 - k_4c_3)\theta - S_rU_r \tag{5-13}$$

式中，k_4 为硝态氮的反硝化速率，$\mathrm{mg/(g \cdot h)}$；c_2 为氨氮的浓度，$\mathrm{mg/L}$；c_3 为硝态氮浓度，$\mathrm{mg/L}$。

建立初始条件：

$$c(z,\ t) = c_1(z),\ 0 < z < L,\ t = 0 \tag{5-14}$$

上边界条件：

$$\begin{cases} c(z,\ t) = c_2,\ z = L,\ 0 < t \leqslant t_1 \\ c(z,\ t) = 0,\ z = L,\ t > t_1 \end{cases} \tag{5-15}$$

下边界条件：

$$\frac{\partial c}{\partial z}(L,\ t) = 0,\ z = 0 \tag{5-16}$$

　　通过查阅相关文献[87~89]，对实验数据进行分析及测定，换算出稀土原矿土壤中建立 HYDRUS 数学模型所需部分参数见表 5-7。

表 5-7　不同土壤层中氮素迁移转化模型参数

土层/cm	D_0	$D(\theta,\ q)$	k_1	k_3	k_4
0~50	4.12	7.32	0.034	0.097	0.012
50~100	4.12	6.32	0.025	0.043	0.010
100~150	4.12	7.02	0.003	0.072	0.015

浸矿剂理化性质对土壤中
铵态氮迁移规律的影响

6.1 铵态氮吸附性能

离子型稀土开采过程中采用大量硫酸铵作浸矿剂,大量的铵根离子进入土壤中,由于土壤带负电,铵根离子带正电,因此在铵态氮的流动过程中,大部分的铵态氮会被土壤吸附,对铵态氮的迁移与转化起到阻滞与延缓作用。其中,土壤的粒径、黏度等都是影响铵态氮吸附的因素,土壤吸附铵态氮受到土壤中溶质与土壤本身的理化性质的影响[92],而土壤吸附铵态氮有一定的饱和限度,当吸附饱和后,就会通过迁移作用进入地下水中。离子型稀土作为一种特殊的土壤,关于其对铵态氮的吸附的研究甚少,鉴于此,本章为了解稀土土壤吸附铵态氮的性能,希望能为进一步探讨铵态氮在土壤中的迁移转化、吸附机理等提供一定的科学依据,也为防止地下水污染提供理论依据。

6.1.1 实验方法与步骤

(1)根据我国土分类方法对原土进行筛分分类[93],可分为三类:粒径大于0.25mm(60目)的砂土、粒径范围0.074~0.25mm(60~200目)的细砂、粒径小于0.074mm(200目)的黏土,实验对4种粒径(包括原土)土壤进行吸附热力学研究,配制质量浓度为0.1g/kg、0.2g/kg、0.4g/kg、0.8g/kg 和1g/kg 的硫酸铵溶液,称取5g上述4种粒径土壤,按照水土比5:1加入硫酸铵溶液于

80mL 离心管中，振荡 90min，调节摇床温度 25℃，速度 180r/min，每一处理重复三次，根据吸附前后氨氮质量浓度的变化，计算稀土土壤对氨氮的吸附量 Q_t，见式（6-1）。

$$Q_t = \frac{(c_0 - c_e) \cdot V}{m} \tag{6-1}$$

式中，Q_t 为稀土土壤对硫酸铵溶液的平衡吸附量，mg/kg；c_0 为吸附前硫酸铵溶液中氨氮的初始质量浓度，mg/L；c_e 为吸附平衡时溶液中的氨氮的质量浓度，mg/L；V 为吸附体积，mL；m 为土壤的质量，g。

（2）实验配置硫酸铵质量浓度分别为 100mg/kg、600mg/kg 与 1000mg/kg，在 80mL 的离心管中加入上述配置溶液与土的比例为 5：1，在 1min、5min、10min、15min、20min、30min、40min、60min、90min、120min 的振荡时间下，离心后取上清液测溶液中的氨氮含量，然后根据式（6-2）计算得到土壤中吸附的氨氮，探讨黏土土壤吸附铵态氮的动力学过程，每一实验重复三次，实验结果取平均值，根据吸附前后氨氮质量浓度的变化，计算稀土土壤对氨氮的吸附量 Q_t，见式（6-2）。

$$Q_t = \frac{(c_0 - c_t) \cdot V}{m} \tag{6-2}$$

式中，Q_t 为稀土土壤氨氮的吸附量，mg/kg；c_t 为 t 时刻溶液中氨氮的浓度，mg/kg。

6.1.2 结果与分析

6.1.2.1 不同粒径土吸附能力对比分析

将黏土、细砂、中砂和原土进行对比发现（见图 6-1），土壤吸附氨氮浓度都随初始浓度的增加呈递增趋势，其中黏土的吸附能力大于其余三种粒径土壤，说明黏土在原土土壤中是起主要作用的成分土，其中原土中黏土含量占 12.37%、砂土占 43.9%、细砂占 31.53%；其余三种粒径的土壤吸附能力：细砂>砂土>原土，原因可能是粒径越小，比表面积越大，因此吸附容量更大。低浓度时不同粒径的土壤对氨的吸附能力差异不大，这是因为土壤表面的吸附位点足够吸附氨

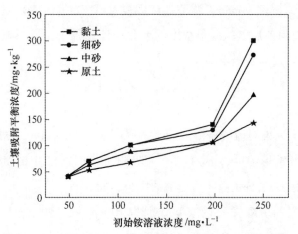

图 6-1　不同粒径土的吸附浓度与初始铵溶液浓度关系

氮，随着 NH_4^+ 浓度的增加，土壤表面吸附点位一定的条件下，稀土土壤表面的吸附点位被更多的氨氮包围，容易引起吸附量的增加。

6.1.2.2　黏土吸附铵动力学分析

吸附动力学过程主要包括化学反应和离子扩散，描述吸附动力学的方程主要有准一级动力学模型、准二级动力学模型、粒子扩散方程等[94]，通过研究吸附动力学方程可以探究吸附速率变化的规律，在各吸附动力学模型中，准一级动力学方程基于假定吸附受扩散步骤控制，吸附速率与吸附量差值成正比[95]，颗粒内扩散模型描述的是多个扩散机制控制的过程，最适合描述物质在颗粒内部扩散过程的动力学[96,97]。

（1）一级动力学方程。

Lagrgren 提出的准一级动力学模型表达式是：

$$\frac{\mathrm{d}q}{\mathrm{d}t} = k_1(q_e - q) \tag{6-3}$$

该方程可以转化为：

$$\lg(q_e - q) = \lg q_e - \frac{k_1}{2.303}t \tag{6-4}$$

式中，q 为时刻的土壤吸附量，mg/kg；q_e 为平衡时吸附量，mg/kg；t 为吸附时间，

min；k_1 为一级吸附速率常数，min^{-1}。

（2）二级动力学方程。

Ho 提出的准二级动力学模型表达式为：

$$\frac{\mathrm{d}q}{\mathrm{d}t} = k_2(q_e - q)^2 \qquad (6-5)$$

该方程可以转化为：

$$\frac{t}{q} = \frac{1}{k_2 q_e^2} + \frac{1}{q_e}t \qquad (6-6)$$

式中，q 为时刻吸附量，mg/kg；q_e 为平衡时吸附量，mg/kg；t 为时间，min；k_2 为二级吸附速率常数，kg/(mg·min)。

（3）颗粒内扩散方程：

$$q = kt^{0.5} + c \qquad (6-7)$$

式中，q 为时刻的吸附量，mg/kg；t 为吸附时间，min；k 为颗粒内扩散速率常数，kg/(mg·min)。

图 6-2～图 6-4 反映的是在不同浸液浓度条件下土壤吸附铵态氮的动力学曲线及拟合曲线，其中横坐标代表的是振荡时间即土壤吸附时间，纵坐标代表的是土壤吸附铵态氮含量。由图可知，三种浓度下吸附动力学曲线趋势相同，随时间的增加都是先快速达到吸附饱和后趋于吸附的动态平衡状态，但是增加的速率不同，浓度为 1% 时吸附量在 30min 内急剧上升，后缓慢增加趋于平衡，浓度在

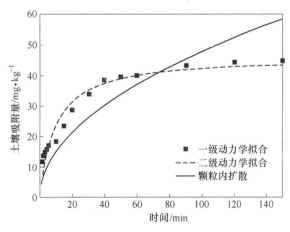

图 6-2　0.1%硫酸铵浓度下土壤吸附曲线及拟合曲线

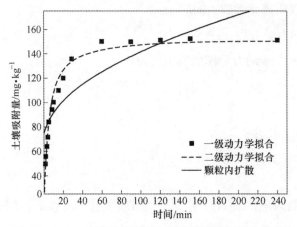

图 6-3　0.6%硫酸铵浓度下土壤吸附曲线及拟合曲线

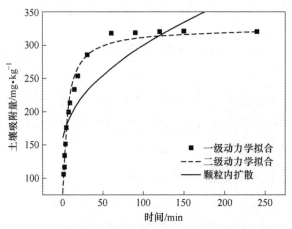

图 6-4　1%硫酸铵浓度下土壤吸附曲线及拟合曲线

0.1%时表现为随时间增加缓慢上升后趋于平衡。原因是随浸液浓度的增加，加大了初始吸附铵的浓度，浓度越大，吸附平衡的时间越短，1%、0.6%、0.1%浓度下的吸附平衡时间分别为30min、60min与90min，这是因为在土壤质量一定的情况下，加大土壤与硫酸铵之间的浓度梯度会加大初始吸附铵的含量，再者在吸附的开始阶段，土壤颗粒可以为氮提供足够多的吸附位点，随吸附量的增多，吸附位点逐渐被占据完，后期表现为吸附缓慢。

　　三种浓度下的实验值平衡吸附量分别为 43.41mg/kg、146.2mg/kg 和320.01mg/kg，与二级吸附模型的推测值为 46.22mg/kg、153.36mg/kg、

325.41mg/kg 较为接近，由表 6-1 可知二级动力学的拟合值 R^2 都大于 0.9，优于一级动力学与颗粒内扩散方程，准二级吸附模型包含了吸附的全过程：迁移、扩散、物理化学反应。由此可知，稀土土壤吸附铵态氮同样是由外部液膜扩散、表面吸附和颗粒内扩散共同控制，又因化学键的形成是影响准二级动力学吸附作用的主要因子，可以认为离子型稀土对氨氮的吸附是以化学吸附过程为主[95]，控制氨氮吸附的主要是离子交换过程，离子交换过程由于反应前后发生了物质的变化。因此，对于实际离子型稀土矿区土壤中氨氮的去除，应以消除化学吸附为主。

表 6-1 黏土吸附铵动力学分析

动力学模型	浓度/%	R^2	q_e	k_1
一级	0.1	0.84	41.55	0.075
	0.6	0.867	142.79	0.16
	1	0.87	302.91	0.153

动力学模型	浓度/%	R^2	q_e	k_2
二级	0.1	0.91	46.22	0.002
	0.6	0.96	153.36	0.002
	1	0.96	325.42	7.04

动力学模型	浓度/%	R^2	k	c
颗粒内扩散	0.1	0.67	5.55	55.75
	0.6	0.75	7.28	68.67
	1	0.75	15.5	144.75

6.1.2.3 黏土、细砂土与氨氮的等温吸附实验分析

固-液相吸附等温线最常采用 Langmuir 和 Freundlich 模型进行描述。Langmuir 等温线描述发生于吸附剂表面单分子层吸附且各点位吸附能力相同，假设吸附剂表面吸附活性位均匀排列[98]，Freundlich 等温线假设吸附位在吸附剂表面非均匀分布[99]。

Langmuir 线性模型：

$$\frac{\rho_e}{q_e} = \frac{1}{q_0}\rho_e + \frac{1}{q_0 k} \tag{6-8}$$

式中，q_e 为单位质量土吸附铵态氮的浓度，mg/L；ρ_e 为吸附平衡时溶液中的铵态氮的浓度，mg/L；q_0 为最大吸附量，mg/kg。

Freundlich 线性模型：

$$\ln q_e = \ln K_f + \frac{1}{n}\ln\rho_e \tag{6-9}$$

式中，K_f 为 Freundlich 常数，表示土壤的吸附能力；$1/n$ 为异质因子。

根据不同温度对黏土土壤与细砂土壤进行吸附铵态氮的等温实验分析，以出水平衡铵态氮为横坐标，单位质量土壤吸附铵态氮为纵坐标，拟合出黏土与细砂土壤的吸附等温曲线。

根据相关文献显示，温度是影响土壤吸附铵态氮的重要因素，由图 6-5 ~ 图 6-8 可以看出，在水溶液浓度为 0 ~ 200mg/L 时，随着水溶液浓度的增加，土壤吸附量逐渐增加，大于 200mg/L 后增加缓慢，温度对土壤的吸附量的影响不是很大，15℃的土壤吸附量 > 25℃时的土壤吸附量 > 45℃时的土壤吸附量，说明温度低土壤吸附量偏高。这说明土壤吸附铵态氮不只是一个物理过程，也体现为一定的热交换化学过程，是一个弱放热过程，升高温度会对土壤吸附产生抑制作用；另一方面，水溶液中氨主要以离子态的铵与分子态 NH_4^+ 为主，当温度升高时溶液中铵离子浓度略微增大，从而导致固相吸附量有增大的趋势，但这一化学过程的影响相对于吸附热力学过程的影响来说比较小，从而导致随着温度的升高土壤吸附量表现出微弱降低趋势[100]。

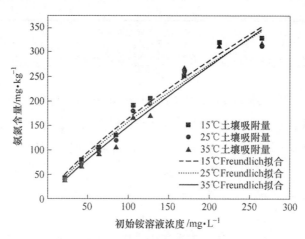

图 6-5　0.074mm（200 目）土壤在不同温度条件下的吸附等温曲线及 Freundlich 拟合

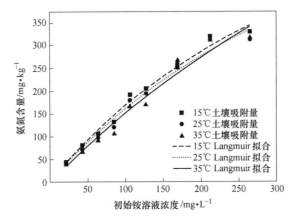

图 6-6 0.074mm(200 目) 土壤在不同温度条件下的吸附等温曲线及 Langmuir 拟合

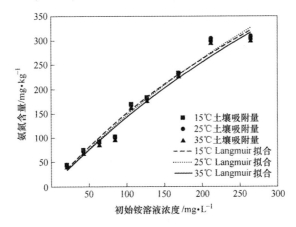

图 6-7 0.25mm(60 目) 土壤在不同温度条件下的吸附等温曲线及 Langmuir 拟合

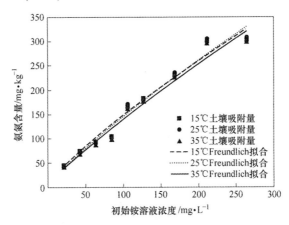

图 6-8 0.25mm(60 目) 土壤在不同温度条件下的吸附等温曲线及 Freundlich 拟合

0.074mm 的黏土与 0.25mm 的细砂相比，黏土吸附量大于细砂的吸附量，采用 Langmuir、Freundlich 和颗粒内扩散方程来拟合土壤吸附氨氮过程，从三种拟合方程来看（见表 6-2），Langmuir 和 Freundlich 能较好的拟合黏土土壤对氨氮的等温吸附过程且 R^2 都大于 0.95，其中 Langmuir 的拟合效果要稍优于 Freundlich 拟合，说明土壤表面是单分子层吸附且各点位吸附能力相同。

在 Langmuir 方程中，k_f 值代表了吸附结合能，其值越大，说明土壤吸附氨氮的能力就越稳定[101]，其中温度值与黏土、细砂的吸附结合能成反比，说明冬季土壤与氨氮之间的吸附能力要大于夏季浸液；而在 Freundlich 方程中，k_f 值也表明了土壤吸附氨氮的能力，其中 k_f 值与吸附能力成正比，而从图 6-5 和图 6-6 中可以得知，温度越低，其吸附能力越强，这与 Langmuir 方程得出的结论一致。

表 6-2　不同土壤粒径吸附铵态氮的热力学模拟参数

温度/℃	土壤类型	热力学模型	R^2	n	k_f
15	黏土	Freundlich	0.97	1.28	4.5
25			0.96	1.25	3.91
35			0.96	1.14	2.59

温度/℃	土壤类型	热力学模型	R^2	$k \cdot Q$	Q
15	黏土	Langmuir	0.98	1.90	951
25			0.97	1.18	985
35			0.97	1.4	1493

温度/℃	土壤类型	热力学模型	R^2	$k \cdot Q$	Q
15	细砂	Langmuir	0.97	2.04	1022
25			0.97	1.27	1266
35			0.97	1.24	1241

温度/℃	土壤类型	热力学模型	R^2	n	k_f
15	细砂	Freundlich	0.96	1.23	3.55
25			0.96	2.9	2.9
35			0.96	1.17	2.76

6.1.2.4 动态吸附实验

A 浓度对吸附的影响

图6-9反映的是不同浓度的硫酸铵在浸取过程中铵的析出含量变化的趋势，调节蠕动泵的速率在0.5mL/min，图中横坐标代表的是连续的接样体积，纵坐标代表的是出水铵态氮浓度。由图6-9可以明显地看到随出水体积的增加，即时间的增加，浸出液中铵态氮含量不断增多，并最终趋于平缓，且浸液浓度越高，土壤吸附铵态氮能力越大。出水时浸出液溶液中铵态氮含量已达到饱和总量的1/3~1/2，说明留在黏土矿物上的稀土越来越少，溶液中过剩的铵根离子含量越来越多。第一个水样出水时间为80min左右，此时土壤中大部分稀土元素已被置换出，随着铵根离子的增多，出水铵态氮含量也越来越多，最后土壤中稀土越来越少，溶液中铵态氮含量也趋于动态平衡。NH_4^+在土壤固相表面的吸附是表面负电荷引力所致，故吸附平衡较快，溶液初始浓度越低，土壤吸附氨氮的饱和时间也越长，但是如果初始浓度过大，扩散时间大于硫酸铵溶液在土壤上的滞留时间，则会使稀土浸出率降低，吸附率降低。

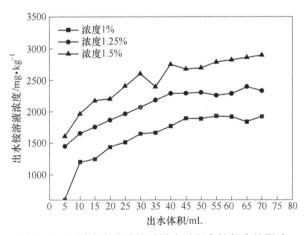

图6-9 不同浓度硫酸铵对浸取过程中铵行为的影响

B 速度对吸附的影响

图6-10反映的是浸液速度对浸液过程中铵态氮析出变化影响，实验选取了

3个浸液速度梯度，分别为0.35mL/min、0.5mL/min和0.7mL/min。由图6-10可以看出，随着浸出体积的增加稀土浸出液中铵态氮含量越来越高，浸出时间在0~150min（体积在0~45mL）时溶液中浓度迅速增加，在浸液中后期150~300min（45~70mL）浓度增长速度减慢最终呈动态平衡状态，速度越快，吸附平衡达到的饱和时间越短，速度越慢，时间则越长。在浸液前期0~50min（0~15mL），稀土土壤能够迅速吸附土壤中的铵态氮，NH_4^+将稀土置换进入溶液中，当溶液中的铵根离子大于稀土含量时，浸出液中铵态氮含量出水浓度就很高，大致为在浓度动态平衡时的1/2。浓度越高，出水铵态氮浓度就越高，土壤吸附铵态氮的能力越强。

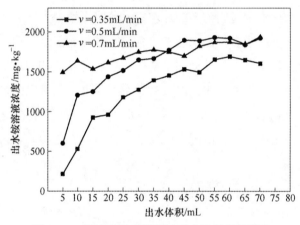

图6-10 浸液速度对浸取过程中铵行为的影响

由于稀土土壤是以黏土矿物吸附为主，表面存在大量的吸附点位，在吸附的开始阶段吸附点位量多，吸附速度最快，随时间增加，溶液浓度不变的情况下吸附的速度开始降低，最终达到平衡。

C pH值对吸附的影响

由于H^+可以浸取离子型稀土中的稀土离子，因此浸取剂溶液的酸碱度对稀土浸取有较大的影响，进而影响土壤吸附铵态氮。图6-11反映的是不同pH值条件下铵态氮随时间变化的趋势，在浸液前期（时间为0~100min），pH值越小，出水铵态氮浓度越高，说明pH值越小，H^+越多，越能够与铵根离子争夺吸附位点，浸出的稀土元素越少，土壤吸附的铵根离子也越少，达到饱和的时间也越小；碱性条件下，初始 pH 值越高，铵态氮溶液以氨气的形式挥发，造成实验的误差。由于土柱的高度大约为 8cm，浸矿液不断从上而下对其进行淋滤，土壤吸附的铵根离子越早趋于饱和，浸出液含量越高，在浸液中后期（100～275min）pH 值对铵态氮浸出的影响作用不明显，原因是稀土浸出率在前 50min 时已达到最大值，继续浸液铵根离子与稀土之间的置换能力减弱，土壤不同 pH 值条件下吸附的铵态氮逐渐趋于饱和且平衡状态。

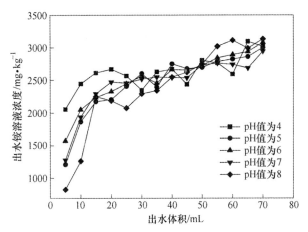

图 6-11　pH 值对浸取过程铵行为的影响

6.1.3　吸附剂的表征结果

土壤采自矿区内未开采过的原矿土样，土样经过 X 射线荧光光谱（XRF）半定量分析是富集氧化钇的稀土矿，具体结果见表 6-3。从表 6-3 可知铝的品位为 14.735%，计算得到稀土品位为 0.09%，稀土矿样经过衍射谱图（图 6-12）的分析可以得到土壤的矿物种类含量较多的是石英、云母以及黏土矿物，其中 Ca^{2+}、Mg^{2+}、K^+、Na^+ 是土壤中可交换的阳离子，在与 NH_4^+ 等其他阳离子交换过程起重要作用[102]。

表 6-3　稀土矿的主要化学组成（质量分数）　　　　　（%）

组成	Na	Mg	Al	Si	P	S	Cl
含量	0.294	0.057	14.735	23.042	0.006	0.009	0.01

组成	K	Ca	Ti	Cr	Mn	Fe	Ni
含量	3.394	0.035	0.013	0.007	0.083	1.037	0.005
组成	Cu	Zn	Ga	As	Rb	Y	Zr
含量	0.003	0.014	0.005	0.015	0.086	0.038	0.007
组成	Nb	Cs	Tl	Pb	Th	O	灼减
含量	0.005	0.008	0.001	0.024	0.003	46.817	10.2

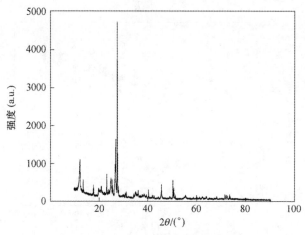

图6-12　主要矿物的 XRD 衍射谱图

由浸液后的 XRD 图（见图6-13）可知，浸液前（见图6-12）物质高度分

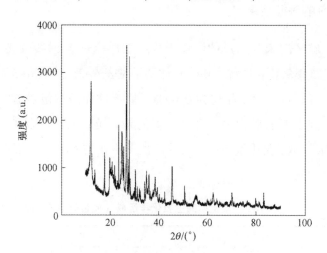

图6-13　浸液后土壤的 XRD 衍射谱图

散，浸液后使得矿物、稀土等析出，白云母在浸液后在角度 45.47°、26.83° 和 17.77° 都呈现相应的峰值，硅酸铝化合物在 14.36° 与 25.8° 也有较清晰的峰值。

由图 6-14 和图 6-15 红外光谱分析图可知，在波数为 2300cm⁻¹ 和 1390cm⁻¹ 处均存在较强的吸收峰。

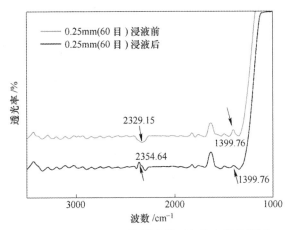

图 6-14　0.25mm 土壤浸液前后红外光谱分析图

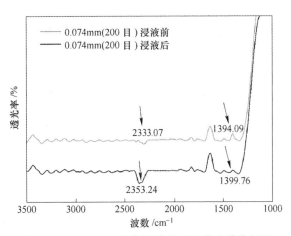

图 6-15　0.074mm 土壤浸液前后红外光谱分析图

6.2　铵态氮迁移规律

6.2.1　铵态氮迁移及形态分析

赣南稀土矿属离子型稀土，该土壤是一种特质土壤，在稀土开采过程中，虽然应用了人造挡板和防渗层等技术处理，但效果并不理想，仍会有相当数量的浸矿剂（$(NH_4)_2SO_4$）进入矿区土壤和地下水中，在降雨的冲刷和淋滤作用下，浸矿剂中的含氮化合物会向深层土壤迁移和转化，给矿区周边土壤和水体均造成较大污染。目前，对各类土壤中氮化物的迁移规律已有一定的研究成果，但对于赣南离子型稀土中氮化物的迁移转化研究较少。通过模拟土柱实验，在了解土壤的吸附性能后进一步探究稀土土壤中铵态氮的迁移规律，为有效控制南方稀土氮化物污染及水体氮化物污染奠定理论与技术基础。

矿区土壤中的氮化物主要以四种形式存在：（1）没有被吸附，存在包系带的孔隙中，在降雨的作用下可以被解析下来；（2）属于有效交换，可以与稀土元素发生置换反应，将稀土元素置换出来；（3）属于无效交换，可以与矿物吸附的 K^+、Na^+ 进行交换；（4）以氨的水合或者气态形式存在于包气带中，这部分释放出一个 H^+ 会导致环境 pH 值下降[103]。由于土壤颗粒对铵的不同吸附作用，铵存在不同的形态，主要包括水溶态铵、交换态铵以及固定态铵[104]，实验取了接近矿山实际浸液浓度的硫酸铵，研究在浸液过程中，土壤吸附铵态氮的变化规律以及铵态氮的各形态分析。

6.2.1.1　水溶态铵

水溶态铵是可以被去离子水浸提出来的铵态氮，以分子间作用力或 H 键吸附在土壤表面，由于其吸附作用力弱，对环境的影响也大，可以为植物或者微生物提供氮营养，且可以在自然条件下随着降雨入渗过程被解吸下来，故现行的清水淋洗措施主要针对这部分铵态氮。

6.2.1.2　交换态铵

可交换态铵通常指那些未被层间固定的，可以被中性盐置换下来的铵，大多使用 KCl 溶液对这部分铵态氮进行浸提，这是因为两者化合价相同，离子半径也相近，因此二者会竞争吸附点位，发生离子的交换作用，其过程遵守阳离子交换定律。

6.2.1.3　固定态铵

固定态铵与黏土矿物形成内圈配合物，黏土矿物的层间可以将 K^+ 和 NH_4^+ 固定起来，固定态铵态氮使用中性盐溶液无法浸提出，要先用次溴酸钾除去土壤中的有机氮，用 KCl 除去交换态铵，然后需要通过加入 HF，来破坏黏土矿物的晶格，从而达到 NH_4^+ 的完全释放的目的。影响氨化学吸附和固定的主要因素是土壤有机质含量和 pH 值，Ribut 指出，只有矿物单位晶胞的负电荷数大于 0.6 时才可以固定铵根离子，铵被矿物层固定后是可变的，当土壤水分充足，矿物吸水膨胀后，被固定的间层 NH_4^+ 是能扩散出来的，转变成交换吸附态或水溶态的铵。铵在土壤中的赋存如图 6-16 所示。

研究表明 K^+ 只能将可交换点位吸附的 NH_4^+ 交换下来，而不易进入层间交换被固定的 NH_4^+，因此可以有效的区分交换态铵与固定态铵，黏土矿物固定的铵与土壤交换态铵和水溶态铵之间存在下列平衡：

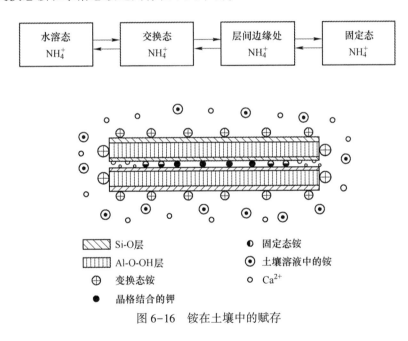

图 6-16 铵在土壤中的赋存

6.2.2 pH 值对土壤中铵态氮迁移转化规律的影响

图 6-17 反映的是第一次浸液结束后各土壤层各形态铵态氮的变化趋势，由于土壤含水率低等原因，第一次底部出水时间为 30h，横坐标表示的是各土壤层高度占土壤柱的总高的比值，纵坐标为各土壤层中各形态铵态氮的含量。由图 6-17 明显可知交换态铵是土壤吸附铵形态的主要表现形式，上层土壤（1~2 号

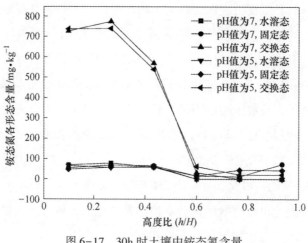

图 6-17　30h 时土壤中铵态氮含量

孔）的铵态氮含量在初次浸液就表现为较快的吸附置换能力。随深度的增加，铵态氮含量越来越少，底层（5~6 号孔）铵态氮含量接近于土壤背景值。

　　由于稀土土壤以黏土矿物为主，表面存在大量的吸附点位，在吸附的开始阶段吸附点位量多，吸附速度最快，上中层土壤浸取剂中的 NH_4^+ 几乎全部用于交换稀土离子，故下层土壤中浸取液的 NH_4^+ 浓度几乎为零。固定态铵和水溶态铵的含量所占比例很小，其随高度比的增加趋势与交换态铵近似，上层土壤吸附的含量与中下层相比较多，这说明在 30h 时，可以用可交换态铵的变化来预测可交换态铵与固定态铵的变化。pH 值对土壤吸附铵态氮的变化整体上不大。

　　图 6-18 是在浸液 45h 后对各土壤层的各形态铵态氮的含量进行分析得到的，其中交换态铵是土壤中铵态氮主要存在形态，表现为随高度比值的增加，铵态氮含量递减。不同 pH 值之间的含量变化也不是特别明显，不同 pH 值条件下的固定态铵和水溶态铵所占比值很小，土壤吸附固定态铵与土壤柱高度无关，说明土壤吸附固定态铵的含量在 45h 内能够吸附饱和，各土壤层的含量与 30h 相比都进一步的表现出吸附性能，在 45h 时土壤还没有达到吸附饱和。

　　图 6-19 是 60h 时土壤中铵态氮的变化趋势，由图明显可以看出上层土壤（高度比为 0~0.2）与 45h 时相比，吸附的能力趋于动态平衡状态，中层土壤和下层土壤仍处于快速吸附的状态；到 60h 时中层土壤（高度比为 0.4~0.6）吸附的 NH_4^+ 也趋于饱和，原因是上层土壤少量吸附解析 NH_4^+，中层土壤起主要吸附

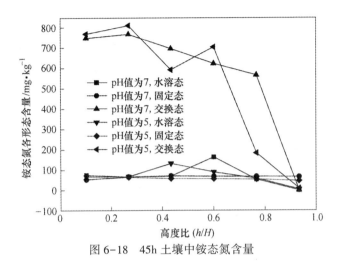

图 6-18　45h 土壤中铵态氮含量

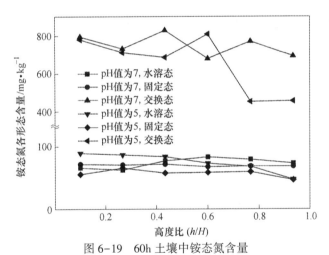

图 6-19　60h 土壤中铵态氮含量

NH_4^+ 的作用，下层土壤（高度比为 0.4~0.6）的吸附速率也在进一步提高。固定态铵与水溶态铵的含量随高度比值的增加变化不明显，45h 时固定态铵的含量已接近饱和状态，60h 时没有发生再吸附与解析现象，说明固定态铵被土壤吸附后，稳定性较强，不容易随外界因素的改变而发生变化。

　　图 6-20 为浸液 75h 后各土壤层各形态铵态氮的变化趋势，上层中层土壤在60h 时已趋于饱和，继续对其淋滤土壤进行吸附解析的作用，下层土壤在上中层土壤变化范围不大的情况下进行快速的吸附，因此在 75h 时土壤各层都达到饱和状态，水溶态铵和固定态铵的含量随高度比的增加变化很小。

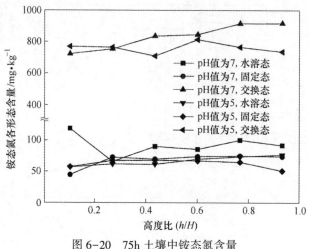

图 6-20　75h 土壤中铵态氮含量

图 6-21 反映的是 90h 时溶浸条件下各形态铵的变化趋势，60h 时各土壤层已达到饱和状态，继续浸液的过程对上中层土壤吸附铵根离子变化不大，土壤继续发生吸附解析的反应，底层土壤由于含水率高，孔隙率大等原因，可交换态铵表现为进一步吸附，而固定态铵与水溶态铵随高度比的增加几乎不变，pH 值对土壤中吸附的各形态铵的值影响不大。

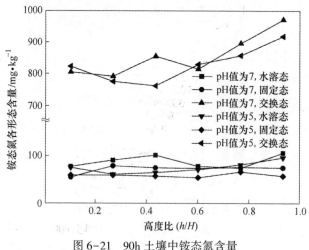

图 6-21　90h 土壤中铵态氮含量

图 6-22 是浸液 105h 后土壤中各形态铵的变化趋势，与 90h 相比，土壤中各形态的铵态氮含量趋于动态平衡状态，下层土壤的含量大于上中层土壤，原因可

能是下层土壤接触的浸矿液含量多，取样时土壤的含水率更高，因此出现下层土壤中的交换态铵的含量大于上中层土壤中的交换态铵的含量。水溶态铵与固定态铵的含量随高度比的增加含量几乎不变。pH 值对其影响也不是特别明显。

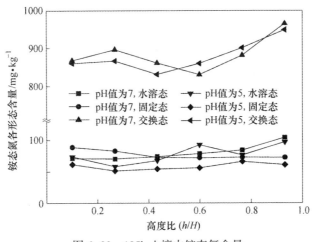

图 6-22　105h 土壤中铵态氮含量

因此，pH 值对土壤中各形态铵的变化不明显，上层土壤吸附交换态铵的含量在 45h 已趋于饱和，中层土壤在 60h 时趋于饱和状态，而下层土壤在 75h 时吸附趋于饱和。但是下层土壤由于含水率等原因，在 75h 后浸液的过程中进一步进行吸附，导致下层土壤中可交换态铵的含量大于上中层土壤中的含量，这对以后的土壤修复带来了更大的困难，下层土壤的修复工作将成为一个新的难点。而土壤中的水溶态铵随水溶液的淋洗的增加，解吸附含量越多，各土壤层中的水溶态铵变化不大。固定态铵表现为在浸液 45h 时已稳定吸附于土壤中，在后期随淋滤液增多，时间增加的条件下，仍未出现再吸附与解析的现象，说明固定态铵在土壤中的表现形式较为稳定，原因可能是固定态铵的释放需要一定的过程，而本实验的周期较短（2 周），而固定态铵的固定与释放需要在适宜的条件下进行。张杨珠等人[105]对湖南省的耕地土壤中的固定态铵进行研究，研究表明固定态铵的释放在一定程度上会影响土壤的供氮特性，固定态铵的释放也有利于土壤中微生物的和农作物的吸收利用。因此在今后的研究过程中可以对后期土壤放置过程中，固定态铵的变化情况进行分析探究，由于离子型稀土矿山土壤比较贫瘠，因此可以考虑利用这一固定的营养来源，同时其也将是今后的研究重点与难点。

6.2.3　浓度对土壤中铵态氮迁移规律的影响

图 6-23 反映的是在浓度为 1% 和 1.5% 的淋滤条件下的各土壤层各形态铵的含量变化。30h 时土壤层中的交换态铵的含量随高度比的增加而减少，下层土壤几乎不吸附铵根离子，而表层土壤则表现为快速吸附，浸液硫酸铵浓度越大，土壤吸附的含量越多，不同浓度的硫酸铵溶液在土壤柱里迁移的变化趋势相同；固定态铵与水溶态铵的含量在土壤中的迁移趋势较为平缓，上层土壤中的含量略大于中下层土壤中的含量，交换态铵为赋存于土壤层中的主要形态。

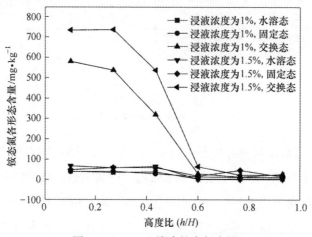

图 6-23　30h 土壤中铵态氮含量

图 6-24 是时间为浸液 45h 时土壤中各形态铵在土壤层中迁移的各浓度趋势。与 30h 浸液时间相比，上层土壤吸附的铵根离子的含量较少，中下层土壤则表现为快速吸附，浓度越大，上中层土壤中的交换态铵含量也越大，而下层土壤由于上中层土壤的快速吸附，导致流至底层的溶液中不含铵根离子，不进行置换反应，迁移至下层土壤的铵根离子变少，故底层的铵根离子含量则表现为浸液浓度越小，土壤吸附的含量越多；土壤层中的交换态铵与水溶态铵几乎不发生迁移变化，各土壤层中的含量几乎不变，其形态下的含量变化较为稳定。

图 6-25 是 60h 时土壤中的各形态铵的含量与高度比的变化趋势。表层土壤由于在 45h 时发生离子交换的反应速度快，在 60h 时交换速率降低，浓度高的浸矿液与土壤发生的离子交换与吸附仍大于 1% 的浓度，由于 45h 时主要的交换吸

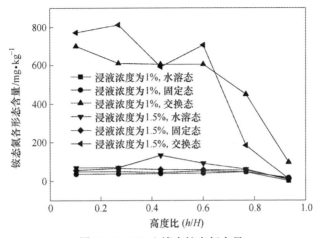

图 6-24 45h 土壤中铵态氮含量

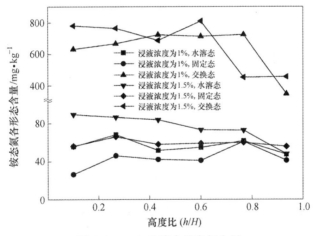

图 6-25 60h 土壤中铵态氮含量

附发生在表层土壤中，因此 60h 时在中下层土壤中主要起交换吸附反应，1% 的浓度的浸矿液在高度比为 0.4 和 0.8 时的交换吸附率大于 1.5% 浓度，土壤中的交换态铵与固定态铵的含量较低，且随高度的增加含量变化不大。

图 6-26 是 75h 时土壤中各形态铵的含量变化趋势。由图可以明显看出，各土壤层中的交换态铵的含量已趋于饱和，浓度越大，土壤层中的交换态铵的含量越大，而土壤中水溶态铵与固定态铵的含量占总含量的比例很小且随深度的增加含量变化不大。

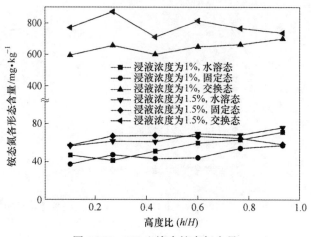

图 6-26　75h 土壤中铵态氮含量

　　图 6-27 是浸液 90h 时土壤中各形态铵的含量变化趋势。在 75h 时土壤中的交换态铵的含量已趋于饱和，继续对其进行淋滤使得土壤中的交换态铵在土壤中进行吸附解析的动态平衡波动状态，淋滤液浓度越高，土壤吸附的交换态铵的含量越高；交换态铵与固定态铵的含量在土壤层中所占比例较小且随不易随溶液向下迁移。

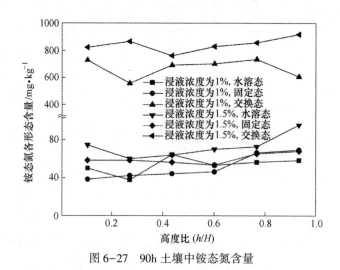

图 6-27　90h 土壤中铵态氮含量

　　图 6-28 为浸液 105h 时土壤中各形态铵的含量变化趋势。由于 75h 时土壤中的交换态铵的含量已趋于饱和，90h 时土壤中的交换态铵的含量在土壤层中发生

吸附解析的动态变化，因此继续进行淋滤，使得土壤层中的交换态铵吸附解析范围更大，波动性更强；水溶态铵与固定态铵的含量占总含量的较小一部分，由此可见可交换态铵是铵态氮的主要存在形式。

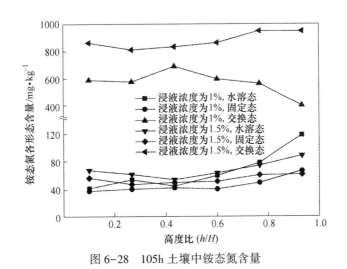

图 6-28　105h 土壤中铵态氮含量

不同的硫酸铵浓度对土壤中铵态氮迁移的规律影响不大，铵态氮在土柱中有三个吸附时间段：浸液开始时，土壤从表层开始迅速吸附铵根离子，下中层土壤几乎维持背景值状态，因此 30~45h 浸出液中的铵根离子几乎为零；第二个阶段，继续对土壤进行淋滤，表层土壤吸附能力减弱，下中层土壤开始迅速吸附，浸出液中的铵根离子含量也越来越多；第三个阶段，由于不断的淋滤，土壤中各层次的含量都近于饱和状态，土壤中的铵态氮含量趋于动态平衡。

由于 NH_4^+ 带正电，土壤带负电，土壤能够快速的吸附铵根离子，土壤中的铵根离子能够与土壤中的稀土元素发生置换反应，两者的共同作用下离子型稀土中主要以铵态氮为主，且不易随溶液的迁移而向下迁移。土壤中的铵态氮含量在 1% 和 1.5% 的硫酸铵浓度下，在 75h 时已趋于饱和，90~105h 则在土壤中呈动态平衡状态。

土壤中的水溶态铵与固定态铵占铵态氮含量的很少一部分，前 45h 时土壤中的水溶态铵与固定态铵随深度的增加变化趋势与交换态铵随深度增加变化趋势一致，45h 后土壤中的水溶态铵含量与固定态铵的含量几乎不变。

6.2.4　浸液速度对土壤中铵态氮迁移转化规律的影响

图 6-29 是在 1.8mL/min 和 3.6mL/min 的浸液速度下对土壤进行淋滤后的土壤各层铵形态的变化趋势，30h 为溶液穿透土壤的时间，分析浸液 30h 后土壤中各形态铵的变化。由图可以看出，速度快慢对表层土壤吸附铵态氮作用不明显，对中下层土壤影响较大，浸液速度越大，土壤吸附交换的铵态氮含量越多，随深度的增加，含量逐渐减少，土壤中以交换态铵为主，水溶态铵与固定态铵的变化趋势与交换态铵大致一致，底层土壤中的含量接近土壤背景值，土壤在表层与中层开始强烈吸附铵根离子，以致流至底层的溶质中几乎不含铵根离子而无法发生交换吸附反应；土壤中的水溶态铵与固定态铵含量较少，且随深度的增加呈缓慢减少的趋势，底层土壤由于流经的溶质中几乎不含铵根离子，因而水溶态铵的含量几乎为零、固定态铵的含量接近背景值。

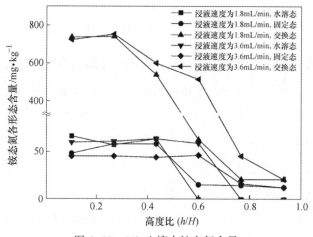

图 6-29　30h 土壤中铵态氮含量

图 6-30 反应的是浸液 45h 时土壤中各形态铵的浓度。其中交换态铵所占比例最大，不同速度条件下的交换态铵随高度变化趋势相同。速度为 1.8mL/min 时，上层土壤的可交换态铵略大于速度为 3.6mL/min 时的含量，原因可能是土壤吸附铵根离子需要一定的反应时间，速度越快，土壤还未来得及吸附溶液就向土壤下层运移。由于上层土壤速度较慢吸附更多导致下层土壤吸附的偏少，中层土壤与 30h 时相比，快速的吸附，这说明上层土壤在 45h 时已趋于饱和，下层土壤也较快的吸

附。固定态铵与水溶态铵含量较低，浸液时间对其浓度变化不明显，底层土壤中的含量与上中层相比偏少，这也与交换态铵的浓度变化趋势大致一致。

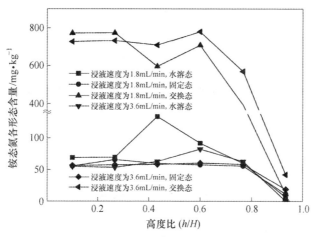

图 6-30　45h 土壤中铵态氮含量

　　图 6-31 是浸液 60h 时土壤中各形态铵的含量与高度比的趋势。速度在 3.6mL/min 时，土壤吸附铵根离子在上中下层土壤中均到达趋于饱和状态；而速度在 1.8mL/min 时，下层土壤的浓度为饱和浓度的一半，说明在 45~60h 时，速度越大，土壤吸附的含量越多，中层土壤在 45h 时已趋于饱和，因此继续对土壤进行淋滤主要是下层土壤对铵根离子的吸附，说明在 60h 整个土壤柱中的含量已趋于饱和。水溶态铵与固定态铵的含量在整个土壤柱中也处于饱和状态，下层土壤主要起吸附作用，这两个形态铵的含量很低，说明离子型稀土矿山土壤中铵的形态主要以交换态形式存在。

　　图 6-32 表示的是浸液 75h 时土壤中各形态铵的含量的变化趋势。速度在 3.6mL/min 时，土壤吸附铵根离子的速率几乎不变，因为浸液时间在 60h、浸液速度为 3.6mL/min 时土壤中的铵态氮浓度已趋于饱和；速度为 1.8mL/min 的下层土壤的交换态铵的浓度为饱和浓度的一半，因此继续对其进行淋滤上中层土壤几乎不再吸附，下层土壤主要起吸附作用。由此可知，时间在 75h 时土壤中的交换态铵在两种速度条件下都达到了饱和状态；水溶态铵与固定态铵的含量随深度的增加变化量小，浸液速度越快水溶态铵的含量偏高，底部含量略大于中上层含量。

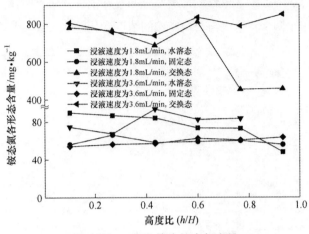

图 6-31　60h 土壤中铵态氮含量

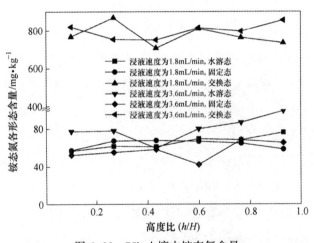

图 6-32　75h 土壤中铵态氮含量

　　当浸液时间长达 90h 时如图 6-33 所示，浸液速度为 1.8mL/min 时土壤吸附的 NH_4^+ 略大于浸液速度为 3.6mL/min 时土壤中 NH_4^+ 的含量。原因可能是在 75h 时土壤中吸附的铵根离子已趋于饱和状态，继续快速的进行淋滤，使得土壤不但不能进行吸附，反而将已吸附的铵根离子解吸附，随水流向土壤层向下迁移，土壤层中的水溶态铵则随深度的增加含量越高。当速度为 1.8mL/min 时，淋滤液对土壤的冲刷作用减小，解吸附能力减弱，土壤中的固定态铵在土壤层中含量几乎不变，且含量非常少，在实验初期浸液就已固定饱和。

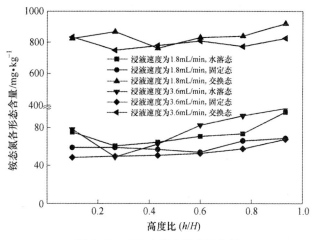

图 6-33　90h 土壤中铵态氮含量

　　图 6-34 反映的是对已饱和的土壤进一步进行淋滤后的趋势。105h 时交换态铵的含量变化与 90h 时一致，速度为 1.8mL/min 时土壤中的铵态氮含量略大于速度为 3.6mL/min 时土壤中交换态铵的含量，底部土壤由于含水率大等原因，吸附的交换态铵的含量大于上中层土壤中的含量，不同速度条件下的水溶态铵与固定态铵的含量随深度的增加变化不大。

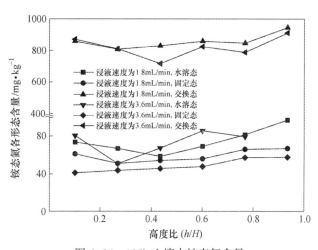

图 6-34　105h 土壤中铵态氮含量

　　从不同淋滤速度（$v=1.8\text{mL/min}$ 和 $v=3.6\text{mL/min}$）条件下土壤中各形态铵的向下迁移转化可以看出，速度和深度共同影响了土壤吸附交换态铵的饱和时间，速度越快土壤吸附交换态铵的饱和时间越快。速度为 $v=3.6\mathrm{mL/min}$ 时，土壤吸附饱和时间为 60h；速度为 $v=1.8\mathrm{mL/min}$ 时，土壤吸附饱和时间为 75h。然后进一步对其进行淋滤，土壤已达到饱和的则不再进行吸附，未达到饱和的则进一步进行吸附至饱和，交换态铵由上而下发生迁移。

土壤于 75h 时达到饱和状态，淋滤速度越大，对土壤的冲击力越大，因此于 90h 和 105h 时速度更小的残留于土壤中的交换态铵更多。固定态铵与水溶态铵于 45h 前未达到饱和，60h 时达到饱和且被固定不易向下迁移。

6.3 铵态氮迁移机理分析

6.3.1 土壤中硝态氮含量变化

图 6-35~图 6-38 反映的是在不同 pH 值、不同硫酸铵浓度、不同滴浸速度条件下土壤中硝态氮的迁移变化。硝态氮在土壤中的含量很少，与铵态氮相比，几乎可以忽略；土壤中的有机质含量少，微生物少，因此土壤中几乎不发生硝化作用。土壤中底层的硝态氮含量大于上中层土壤中的硝态氮含量，说明硝态氮随溶液迁移的能力强，土壤带负电，NO_3^- 带负电，土壤不易吸附硝酸根。土壤中的有机质含量一直保持在 1.7g/kg 左右，土壤中发生的硝化、反硝化作用不明显。

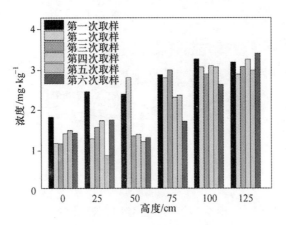

图 6-35　一号柱（彩色图参见附录图 6）

（pH 值为 5，浓度 1%，$v=1.8\mathrm{mL/min}$）

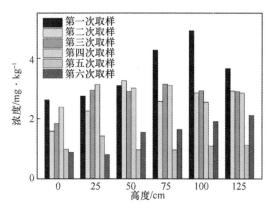

图6-36　二号柱（彩色图参见附录图7）

（pH值为7，浓度1.5%，$v=1.8\mathrm{mL/min}$）

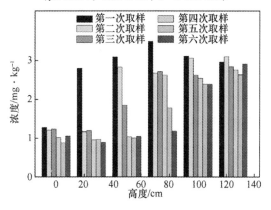

图6-37　三号柱（彩色图参见附录图8）

（pH值为5，浓度1.5%，$v=1.8\mathrm{mL/min}$）

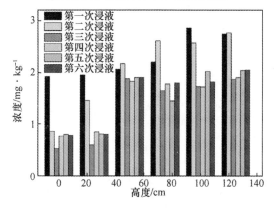

图6-38　四号柱（彩色图参见附录图9）

（pH值为7，浓度1.5%，$v=3.6\mathrm{mL/min}$）

不同的理化性质对硝态氮含量的影响不大，对硝态氮迁移能力影响也不大，因此对离子型稀土矿山氮化物迁移转化建立数学模型时，可以忽略土壤中铵态氮的硝化、反硝化作用以及土壤中微生物的作用。

由土壤中各形态氮化物迁移转化机理（见图 6-39）可以看出土壤中氮化物的损失主要有离子的吸附、硝化、反硝化作用形成的气态氮的散发组成。被土壤胶体吸附的 NH_4^+ 在好氧条件下进行硝化作用，主要产物是 NO_3^-、NO_2^-，NO_2^- 作为中间产物通常在土壤中含量较低且停留时间短，在实验讨论中可以忽略，因此铵态氮在土壤中迁移转化主要以吸附过程为主。

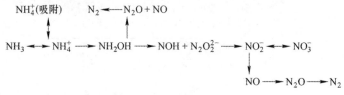

图 6-39　氮化物转化机理

6.3.2　铵态氮迁移机理

硫酸铵溶液在重力的作用下在土柱中垂直向下迁移，浸出液在土柱中可以分为：（1）完全浸出带（即高度为 0～50cm 处），此时土壤能够完全地吸附铵态氮，使土壤达到饱和状态；（2）有效浸出带（即高度在 75cm 土层处），此处土壤中的稀土离子能够与活泼性更强的 NH_4^+ 发生离子交换，随着硫酸铵溶液的不断注入，有效进出带则不断扩展；（3）高峰浓度带（即高度在 100cm 土层处），向下流动的铵根离子逐渐减少而稀土浸出液逐渐增多；（4）二次吸附带（即高度在 125cm 土层处），向下流动的浸出母液中几乎不含 NH_4^+ 而无法进行离子交换，而浸出液中含有大量稀土离子会被土壤进行二次吸附；（5）未浸出带（即高度在 150cm 土层处）。

当源源不断的硫酸铵溶液在土壤中向下迁移时，会使有效浸出带向完全进出带过渡，高峰浓度带向有效进出带过渡最终变成完全浸出带，二次吸附带与未浸出带也是以这样的速度向下推进，直至土壤中的稀土完全被浸出，铵态氮浓度达到吸附饱和。

原地浸矿的过程是一种液固相的多相反应过程，原地浸取过程中的浓度变化与多方面的因素有关，考虑运用地下水在多孔介质中可用多孔介质的扩散理论即水动力学弥散理论（溶质在空隙介质中的分子扩散和对流弥散共同作用的结果）和浸液过程中的化学反应引起的浓度变化用多相反应动力学来进行关联。为了简化模型，在建模时不考虑讨论各层土壤出水硫酸铵的浓度，只考虑底层出水硫酸铵浓度。

6.3.2.1　浸取液的水动力学方程

溶液在土壤柱中的流动是一种三维运动，运动规律满足 Darcy 定律，其微分表达式可以写成：

$$v = - K \frac{\mathrm{d}H}{\mathrm{d}L} \tag{6-10}$$

式中，K 为比例系数，称为浸取剂溶液的渗透系数；H 为水头高度；L 为渗透矿层厚度。

式（6-10）是原地浸液流动时的水动力学方程。根据某一处的水头变化值，就可以根据达西定律计算出硫酸铵流经土壤时的渗透速度 v，在实验中只考虑垂直方向的即 Y 轴方向的渗透速度。

溶浸液流动时的方程（根据溶浸液量贮水率概念）：

$$\frac{\partial^2 H}{\partial X^2} + \frac{\partial^2 H}{\partial Y^2} + \frac{\partial^2 H}{\partial Z^2} = 0 \tag{6-11}$$

根据式（6-11），可以根据水头变化由式（6-10）求出某处的渗流速度。

6.3.2.2　浸取液的浓度方程

根据 Fick 扩散第一定律，即

$$\frac{\mathrm{d}n_{\mathrm{B}}}{\mathrm{d}t} = - DS \frac{\mathrm{d}c_{\mathrm{B}}}{\mathrm{d}x} \tag{6-12}$$

可知，硫酸铵的扩散速率为：

$$\frac{\mathrm{d}n(\mathrm{NH}_4)_2\mathrm{SO}_4}{\mathrm{d}t} = - DS \frac{\Delta c((\mathrm{NH}_4)_2\mathrm{SO}_4)}{\delta} \tag{6-13}$$

假设溶液体积为 V，则：

$$c = \frac{n(NH_4)_2SO_4}{V} \tag{6-14}$$

根据式（6-13）与式（6-14）可得溶解过程的总速率方程：

$$\frac{-dc}{dt} = \frac{DS}{V\delta}c = K_1 c \tag{6-15}$$

式中，K_1 为溶解速率常数；D 为扩散系数，cm^2/s。设溶解反应中硫酸铵的消耗速率为 W，则：

$$W = \frac{dc_2}{dt} = -K_1 c_2 \tag{6-16}$$

根据质量守恒定律（流入量与流出量相同）得到：

$$\frac{\partial c_2}{\partial t} = \frac{\partial}{\partial x}\left(D\frac{\partial c_2}{\partial x}\right) + \frac{\partial}{\partial y}\left(D\frac{\partial c_2}{\partial y}\right) + \frac{\partial}{\partial z}\left(D\frac{\partial c_2}{\partial z}\right) -$$
$$\left[\frac{\partial}{\partial x}(v_x c_2) + \frac{\partial}{\partial y}(v_y c_2) + \frac{\partial}{\partial z}(v_z c_2)\right] - U \tag{6-17}$$

在计算中只考虑垂向一维模型，且忽略由于矿石溶解造成的浓度变化，可得到：

$$\frac{\partial c_2}{\partial t} = \frac{\partial}{\partial y}\left(D\frac{\partial c_2}{\partial y}\right) - \left[\frac{\partial}{\partial y}(v_y c_2)\right] \tag{6-18}$$

联立方程组得到：

$$\begin{cases} \dfrac{\partial c_2}{\partial t} = \dfrac{\partial}{\partial y}\left(D\dfrac{\partial c_2}{\partial y}\right) - \left(\dfrac{\partial}{\partial y}(v_y c_2)\right) \\ c_2(Y,\ 0) = 0 \quad (0 \leqslant Y \leqslant \infty) \\ c_2(0,\ t) = c_0 \quad c_2(\infty,\ t) = 0,\ t > 0 \end{cases} \tag{6-19}$$

利用拉氏变换求得定解问题：

$$\frac{c_2(Y,\ t)}{c_0} = \frac{1}{2}\mathrm{erfc}\left(\frac{y - v_y t}{2\sqrt{Dt}}\right) + \frac{1}{2}\exp\left(\frac{v_y y}{D}\right)\mathrm{erfc}\frac{y + v_y t}{2\sqrt{Dt}} \tag{6-20}$$

式中，D 取 $180cm^2/h$。

　　利用 Matlab 图形计算机语言绘制出水硫酸铵的浓度，如图 6-40 和图 6-41 所示。

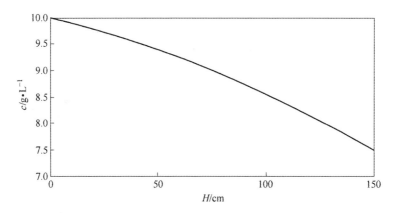

图 6-40　矿样高度 150cm、浓度 10g/L、浸液时间 $t=105h$ 时硫酸铵浓度变化曲线

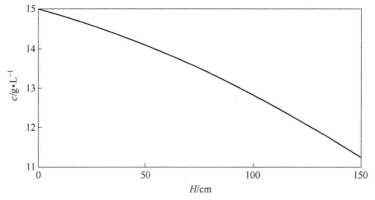

图 6-41　矿样高度 150cm、浓度 15g/L、浸液时间 $t=105h$ 时硫酸铵浓度变化曲线

　　由上述拟合分析可知，浸液时间在 105h 时，浸液浓度分别在 1% 与 1.5% 时的出水硫酸铵浓度分别为 7.48g/L 与 11.5g/L，理论出水浓度应该与浸液浓度相差不大，造成较大误差的原因，可能是所做实验是间歇式实验，即浸液一段时间后停歇 24h，因此溶液完全穿透的时间就存在较大误差。

6.4　铵态氮迁移拟合预测分析

　　实验土壤是取自龙南县的原矿土壤，按照矿层的深度自上而下取样。土壤柱中的土壤尽量按照矿山实际状况放入土柱中，土壤柱高度为 1.8m。根据已知的实验数据，可以利用 SPSS 软件分析预测不同理化性质条件下土壤中的铵态氮随深度的变化以及时间的变化对土壤中铵态氮含量的影响。

6.4.1　不同 pH 值对土壤中铵态氮垂直迁移转化的影响

图 6-42 和图 6-43 是 30h 时土壤中铵态氮含量与深度之间的关系，由图明显可以看出，已观测值即实验值与三次函数拟合度较高，表层土壤吸附铵态氮含量最多，底层土壤几乎与背景值相同；pH 值的变化对铵态氮的迁移转化趋势影响不大，背景值硫酸铵溶液的 pH 值大约为 6.5，因此在实际的浸液过程中，可以不调节 pH 值，以节约成本。

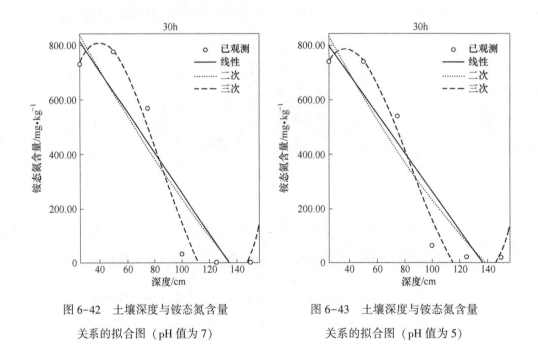

图 6-42　土壤深度与铵态氮含量　　　　图 6-43　土壤深度与铵态氮含量
　　关系的拟合图（pH 值为 7）　　　　　　关系的拟合图（pH 值为 5）

图 6-44 和图 6-45 是对已近饱和的土壤中的铵态氮含量与深度的拟合预测，三次函数的 R^2 较高，原因是土壤的固氮作用、离子交换作用和淋滤过程中铵态氮向下迁移共同作用的结果，105h 后土壤中的铵态氮含量已达到动态平衡状态。

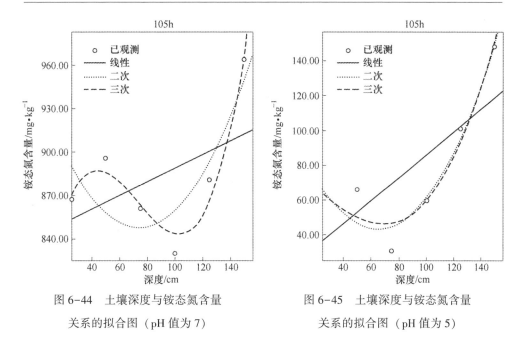

图 6-44 土壤深度与铵态氮含量
关系的拟合图（pH 值为 7）

图 6-45 土壤深度与铵态氮含量
关系的拟合图（pH 值为 5）

由表 6-4 可知，在不同 pH 值条件下，铵态氮含量与深度最优拟合函数在浸液初期与浸液饱和后为三次函数。刚开始浸液时表现为铵态氮含量随深度增加呈升高、降低、再升高的趋势，这是土壤的固氮作用和淋滤过程中铵态氮向下迁移共同作用的结果。土壤的固氮作用、离子交换作用会吸附淋滤液中的 NH_4^+，使得铵态氮浓度升高，同时，淋滤过程会导致土壤铵态氮向下迁移。饱和后可以解释为土壤中铵态氮的吸附处于动态平衡状态。不同 pH 值没有改变交换态铵在土壤中的迁移特征。

表 6-4 拟合模型汇总

时间/h	pH 值	R^2	拟合方程
30	5	0.972	$Y = 296.107 + 29.21X - 0.505X^2 - 0.002X^3$
	7	0.965	$Y = 158.34 + 36.526X - 6X^2 - 0.002X^3$
105	5	0.927	$Y = 886.593 - 0.954X - 0.002X^2 + (4.764e-5)X^3$
	7	0.946	$Y = 779.21 + 5.734X - 0.093X^2 + 0.00014X^3$

注：X 为深度；Y 为铵态氮含量。

6.4.2 不同浸液速度对土壤中铵态氮随高度迁移的影响

浸液速度的快慢一定程度上影响稀土的浸出效率，从而影响氮化物在土壤中的吸附与解析行为。实验选取的速度为 1.8mL/min 与 3.6mL/min，采用 SPSS 软件模拟实验浸液初期与实验浸液后期土壤中铵态氮的含量与高度之间的数学关系。

图 6-46 与图 6-47 是浸液 30h 时第一次对各层土壤中的铵态氮含量进行分析，速度越快溶液迁移能力越强。因此在深度为 100cm 时也能发生交换吸附反应，而速度较慢的在 100cm 处的铵态氮含量接近背景值，模拟拟合发现三次函数能较好的拟合 30h 时土壤中铵态氮含量在土壤层中的迁移。图 6-48 和图 6-49 是 105h 时各层土壤中的铵态氮含量与深度的拟合关系，浸液后期土壤中的铵态氮含量处于动态平衡状态，浸液速度快的土壤含量各层达到平衡的时间大于浸液速度快的，但是浸液速度越快土壤中氮化物解析的速率也越快。

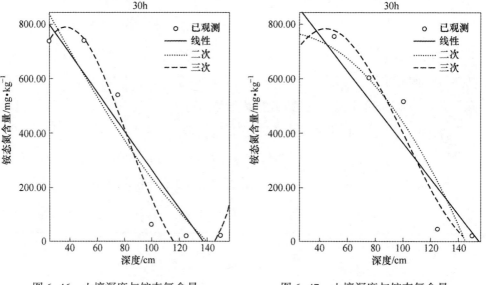

图 6-46　土壤深度与铵态氮含量　　　　　图 6-47　土壤深度与铵态氮含量
关系的拟合图（$v=1.8$ mL/min）　　　　关系的拟合图（$v=3.6$mL/min）

由表 6-5 可知，铵态氮含量与深度最优拟合函数在浸液初期与浸液饱和后分别为三次函数与二次函数，R^2 都大于 0.9，拟合度较高，速度的不同改变了土壤饱和的时间，没有改变土壤中铵态氮的迁移转化特征，因此为了提高浸出率，可以适当地提高浸液速度。

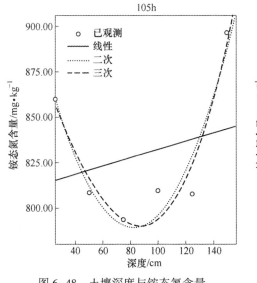
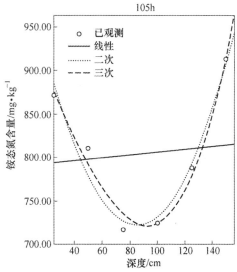

图 6-48　土壤深度与铵态氮含量
关系的拟合图（$v=1.8\ \mathrm{mL/min}$）

图 6-49　土壤深度与铵态氮含量
关系的拟合图（$v=3.6\mathrm{mL/min}$）

表 6-5　拟合模型汇总

时间/h	速度/mL · min^{-1}	R^2	拟合方程
30	1.8	0.972	$Y = 296.107 + 29.21X - 0.505X^2 - 0.002X^3$
	3.6	0.949	$Y = 343.673 + 22.056X - 0.321X^2 + 0.001X^3$
105	1.8	0.921	$Y = 1049.356 - 7.63X - 0.045X^2$
	3.6	0.921	$Y = 866.877 - 2.654X - 0.002X^2$

注：X 为深度；Y 为铵态氮含量。

6.4.3　不同初始浓度对土壤中铵态氮随高度迁移的影响

在实际浸矿过程中，浸矿液硫酸铵浓度对浸出效果有显著影响。为了提高稀土浸出率，降低成本与减少环境污染，很多学者研究了在不同浓度条件下的最佳浸出效率。然而浸液浓度的不同也会造成不同的污染，实验选取了1%和1.5%的浸液浓度，探究铵态氮在土柱中的迁移转化特征。

图 6-50 和图 6-51 是在 30h 的浸液初期土壤中铵态氮含量随深度的拟合曲线。由图可以看出，浓度的不同改变了各土壤层中铵态氮的含量但是没有改变整体的迁移趋势。浸液浓度在 1.5% 时，深度在 75cm 以下的各铵态氮含量都大

于浓度为 1% 的浸液浓度下土壤中的铵态氮含量，但是拟合曲线都符合三次函数，说明浓度虽然会改变各层土壤中的铵态氮含量，但是整体的迁移转化趋势相同。

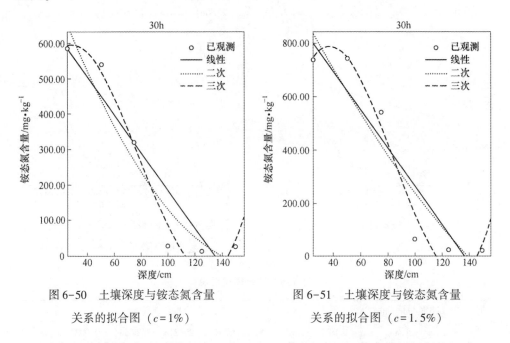

图 6-50　土壤深度与铵态氮含量　　　　图 6-51　土壤深度与铵态氮含量
　　关系的拟合图（$c=1\%$）　　　　　　　关系的拟合图（$c=1.5\%$）

图 6-52 和图 6-53 是 105h 时土壤中的铵态氮含量随深度变化的拟合曲线图。从图中可以看出土壤吸附的饱和度与浸矿液的浓度有关，浓度为 1% 时，各土壤层的铵态氮含量大致在 550mg/kg；而浸矿液浓度为 1.5% 时，土壤中各铵态氮的含量均值分布最多的含量在 850mg/kg。因此，虽然浓度的增加一定程度上可以加大稀土的浸出率，但是浓度的增加会增大土壤与 NH_4^+ 的交换吸附能力，使土壤中赋存大量的氮化物。

表 6-6 是 30h 与 105h 时土壤中的铵态氮在不同的浓度条件下的拟合曲线。30h 是浸液初期，105h 则各土壤层中的铵态氮已趋于动态平衡状态，都符合三次函数，R^2 都大于 0.9。浓度与深度的拟合度较高，浓度的不同导致土壤吸附的饱和程度的改变，浓度越高，土壤中交换吸附的铵根离子也越多；浓度越低，交换吸附的铵态氮也越少，因此在实际的浸液过程中如果为了达到较高的稀土浸出率而加大浸液浓度，会造成土壤中吸附的铵态氮含量的累积。

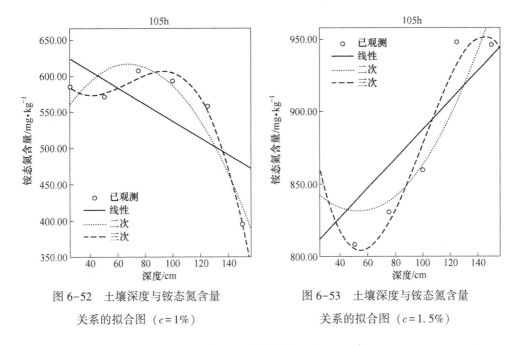

图 6-52　土壤深度与铵态氮含量　　　　图 6-53　土壤深度与铵态氮含量

关系的拟合图（$c=1\%$）　　　　　　关系的拟合图（$c=1.5\%$）

表 6-6　拟合模型汇总

时间/h	浓度/%	R^2	拟合方程
30	1	0.980	$Y = 416.597 + 13.564X - 0.292X^2 + 0.001X^3$
	1.5	0.972	$Y = 296.107 + 29.21X - 0.505X^2 + 0.002X^3$
105	1	0.991	$Y = 668.043 - 5.426X - 0.095X^2 + 0.0001X^3$
	1.5	0.963	$Y = 1027.48 - 9.331X - 0.118X^2 + 0.0001X^3$

注：X 为深度；Y 为铵态氮含量。

　　NH_4^+ 在土壤中解析的能力主要依靠降雨的淋滤作用，而 NH_4^+ 自身的迁移能力很弱，被带负电的土壤紧紧的吸附，可以考虑适当的降低硫酸铵的浓度，加长浸取时间达到对环境的最大保护。

6.5　浸矿剂理化性质对稀土浸出率的影响

　　由于离子型稀土矿中 85%[106] 左右的稀土元素以离子相存在，被吸附在矿物表面的稀土阳离子遇到了化学性质更活泼的 NH_4^+ 时会被交换解析进入溶液中。风化壳淋积型稀土矿浸取过程就是一种离子交换反应，是溶液中的离子与稀土反应，化学反应方程式可以表达为[93]：

$$2(高岭土)^{3-} \cdot RE^{3+} + 3(NH_4^+)_2 \cdot SO_4^{2-} =\!=\!=$$
$$2(高岭土)^{3-} \cdot 6(NH_4^+) + RE_2^{3+}(SO_4^{2-})_3$$

6.5.1　pH 值的影响

图 6-54 是在 pH 值为 5 与 pH 值为 7 条件下各层土壤中稀土元素含量变化。pH 值为 7、30h 时土壤中稀土浸出率从上到下依次为 89%、76%、67%、60%、67%、50%，75h 时稀土浸出率从上到下依次为 87%、87%、87%、82%、84%、77%；pH 值为 5 时，30h 时土壤中稀土浸出率从上到下依次为 94%、89%、84%、84%、74%、62%，75h 时稀土浸出率从上到下依次为 93%、91%、91%、90%、86%、83%。由第 5 章内容分析可知 pH 值的改变对土壤吸附氨氮的影响不大，但是由上述分析可知 pH 值为 5 时的稀土浸出率优于 pH 值为 7 时的稀土浸出率，一般浸矿药剂硫酸铵的 pH 值在 5.5 左右，因此实际浸矿时可以不调节或者适当调低 pH 值。原因可能是 pH 值越低，浸液中的 H^+ 越多，H^+ 也具有较强的与稀土置换的能力，离子交换能力大小为 $K^+ > NH_4^+ > Na^+ > H^+ > Li^+$，而 pH 值过高时，稀土离子有水解的趋势，浸取率偏低。

土壤进行淋滤 30h 后各层土壤中稀土含量的变化趋势是随着高度的增加，土壤中的稀土含量越多，说明表层土壤与铵根离子的交换吸附作用很强，流至中下层土壤的溶质中的铵根离子不足以与稀土元素发生交换吸附，因此被溶液中携带的 H^+、Al^{3+}、Ca^{2+}、Mg^{2+} 等与稀土离子发生置换。

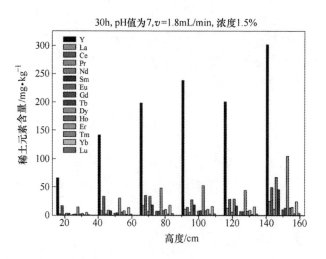

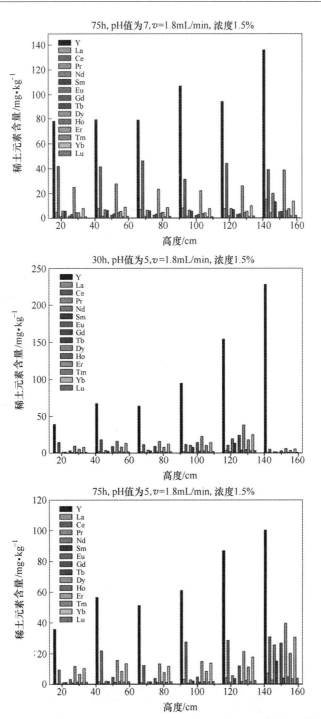

图 6-54　不同 pH 值土壤柱中稀土元素含量（彩色图参见附录图 10）

6.5.2　速度的影响

图 6-55 反映的是两种浸液速度下的土壤中各层稀土元素的浸出率，土壤中的稀土元素以底层含量富集为主，时间 30h、速度 1.8mL/min 时土柱由上往下稀土浸出率分别为 94%、89%、89%、84%、74%、62%，时间为 75h 时土柱由上往下稀土浸出率分别为 93%、91%、91%、90%、86%、83%；速度为 3.6mL/min 时土柱由上往下稀土浸出率分别为 84%、79%、78%、62%、50%、59%，时间为 75h 时土柱由上往下稀土浸出率分别为 88%、89%、90%、89%、87%、87%。由此明显可以看出 30h 时速度慢的稀土浸出率大于速度快的稀土浸出率，速度慢时硫酸铵溶液可以与土壤进行充分接触，土壤中的氨氮与稀土元素置换就会越充分，稀土浸出率比较高，而后随时间的增加，于 75h 时土壤中铵根离子趋于饱和，稀土浸出率相近。

浸液速度影响了土壤吸附铵的饱和时间，前 30h 土壤的稀土浸出率 $v=1.8$mL/min $> v=3.6$mL/min，但是速度小铵饱和时间变大，因此，在实际的浸液过程中可以考虑先慢后快的注液方式，提高稀土浸出率。

对于元素铈，在土壤层中的含量几乎不变，难被浸矿药剂浸出，在一般土壤的 pH 值条件下，铈的价态易发生变化，由 +3 变为 +4。Ce^{4+} 与 Ce^{3+} 的化学性质有明显不同，它更容易通过沉淀和共沉淀作用与土壤更紧密地结合，这样铈更不容易被中性盐溶液所提取。

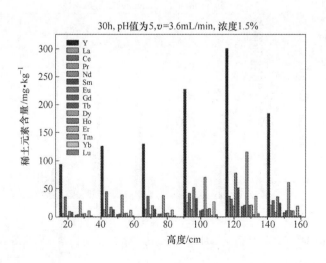

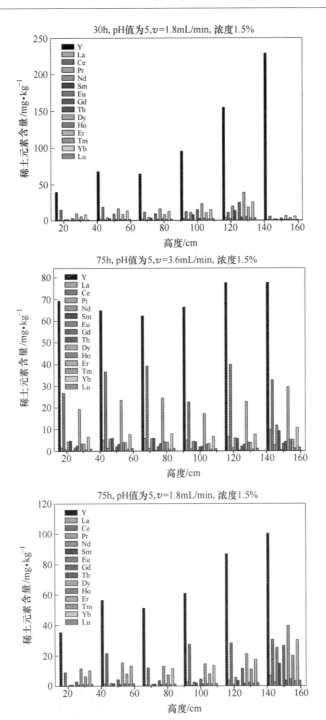

图 6-55 不同速度下土壤柱中稀土元素含量（彩色图参见附录图 11）

6.5.3　浓度的影响

图 6-56 是在浓度为 1%、1.5%，时间为 30h、75h 时各土壤层中稀土元素的含量变化图。由图可以看出土壤中以稀土元素钇为主，浸液开始阶段随深度的变化含量增加，这与氮化物在土壤中的赋存含量变化相似；底部的土壤没有受到浸矿药剂硫酸铵的影响，因而含量较高；土壤中稀土元素 Ce 为含量元素第二高，稀土元素 Eu 由于含量小于 1，低于检出限未表示在图中，除稀土元素 Y 与 Ce 含量相对较高，其余 13 种稀土元素在土壤中的含量较低。由上章分析可知浸液 75h 时土壤中的交换态铵已趋于饱和状态，但是下层土壤（125～150cm）中的稀土元素还未达到浸出率较高的状态，继续对土壤进行淋滤，由于铵根离子在土壤中的吸附位点已达到饱和，所以后期的浸出稀土率较低。

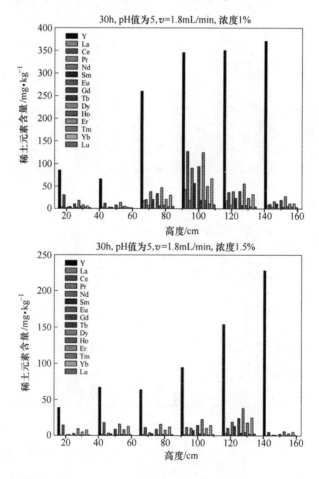

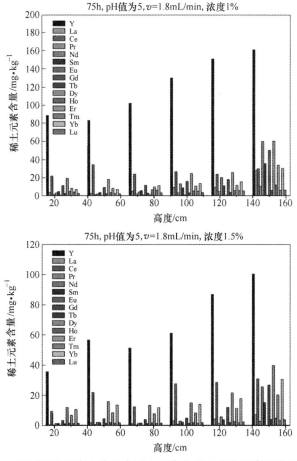

图 6-56　不同浸液浓度土壤柱中稀土元素含量（彩色图参见附录图 12）

时间为 30h，浓度为 1%时土柱由上往下稀土浸出率分别为 86%、89%、57%、42%、42%、38%，时间为 75h，浓度为 1%时土柱由上往下稀土浸出率分别为 85%、86%、83%、78%、75%、73%；上层土壤（0~50cm）的稀土浸出率前后变化不大，是因为土壤中的铵的吸附点位已饱和，土壤不再吸附铵根离子。浓度为 1.5%时土柱由上往下稀土浸出率分别为 94%、89%、89%、84%、74%、62%，时间 75h，浓度为 1%时土柱由上往下稀土浸出率分别为 93%、91%、91%、90%、86%、83%，铵态氮达到饱和后，浓度为 1.5%的硫酸铵浸出稀土率是浓度为 1%硫酸铵浸出稀土率的两倍，因此适当考虑浸液浓度"先淡后浓"，不仅可以高效浸出稀土，而且可以相对缩短浸出时间。

　　土壤中的稀土元素几乎不与铵根离子发生离子交换，而其稀土浸出率在浓度为1%与1.5%时分别到达了与42%、78%，这说明在溶液的迁移过程中会携带相应的离子，如Al^{3+}、Ca^{2+}、Mg^{2+}等，这些离子也会与土壤中的稀土离子发生离子交换反应，属于无效的开采。

　　在实际的浸矿过程中，考虑到浸液高度的选择，在100cm的土壤层处表现为较高的稀土析出率，因此加大高度不仅会造成浸矿药剂的浪费，不能提高稀土浸出率，还会造成环境的严重污染，而矿层太薄，硫酸铵在矿层中遇到的阻力小，因而来不及向矿层内扩散，也来不及与矿层内的RE^{3+}发生交换反应而流出，因此可以探究稀土的浸出率及少量氮化物在土壤中的赋存的最优值。

稀土元素对土壤中氮化物迁移转化规律的影响

7.1 内源性稀土元素对土壤中氮化物迁移转化的影响

本节采用室内土柱实验，探究在模拟降雨条件下内源性稀土元素对矿区土壤中氮化物分布特征的影响。

7.1.1 试验设计

装置采用高 $H = 1630mm$，直径 $D = 200mm$ 的有机玻璃柱，管壁边缘设置 5 个取样孔，取样深度为 0cm、30cm、60cm、90cm、120cm，填充土壤为稀土矿区原矿土壤和校园一般土壤，2 种土壤装土高度均为 1480mm。实验前，先用质量浓度为 2.5% 的硫酸铵溶液对两土柱淋滤一周，目的是为了保证实验土壤的氮化物含量足够充分。实验用去离子水作为淋滤液，参照该地区近年年均降雨量 1587mm 来模拟降雨，每隔 6 天从各取样孔取样测试。其装置示意图见图 4-1 ~图 4-3。

7.1.2 结果与分析

7.1.2.1 原矿土和校园土中铵态氮分布特征

原矿土和校园土中铵态氮含量随时间和深度的变化分布特征如图 7-1 和图 7-2 所示。

由图 7-1 可知，原矿土壤中，土柱各深度土壤铵态氮含量随时间增加逐渐下

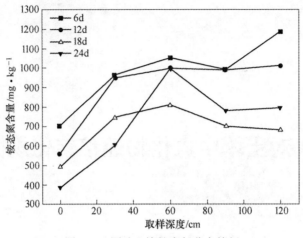

图 7-1　原矿土壤铵态氮分布特征

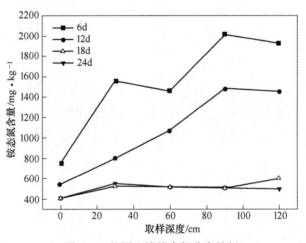

图 7-2　校园土壤铵态氮分布特征

降，到淋滤结束时，土柱各深度的铵态氮含量下降幅度明显，平均减少量在300mg/kg 左右。而各时段铵态氮含量呈现出由上层向下层迁移的趋势，下层有所累积，其中表层土壤向下迁移趋势较为稳定；而中层则较为急剧，60cm 和90cm 处土壤铵态氮含量在淋滤初期减小量不大，但到后期其迁移速率则逐渐增大；下层土壤铵态氮含量则与表层土壤一致。由图 7-2 可知，校园土壤铵态氮含量也呈现从上层向下层迁移的规律，这和原矿土壤变化特征相一致，土柱各深度铵态氮含量在淋滤初期远远高于其在淋滤末期的含量，随着淋滤的进行，各深度土壤铵态氮含量逐渐减少，24 天后，各深度土壤铵态氮量在 500mg/kg 左右，其铵态氮淋失量位于 350~1300mg/kg 之间，校园土壤铵态氮的淋失量远远高于原矿土。

由于土壤岩土颗粒和土壤胶体表面带负电荷，对带正电的铵根离子有较强的吸附作用。在淋滤作用下，铵态氮向深层土壤迁移，原矿土壤中含有内源性稀土元素，实验前对两土柱抽浸硫酸铵溶液，稀土离子和铵根离子发生交换解析作用把铵根离子置换出来，在去离子水的冲刷下，铵根离子易溶解在土壤溶液中并随水流向下迁移。故在流速相近的淋滤冲击下，铵根离子虽然都有所淋失，但稀土原矿中铵态氮损失量总体小于校园土壤中的损失量。

7.1.2.2　原矿土和校园土中硝态氮分布特征

原矿土和校园土中硝态氮含量随时间和深度的变化分布特征如图 7-3 和图 7-4 所示。

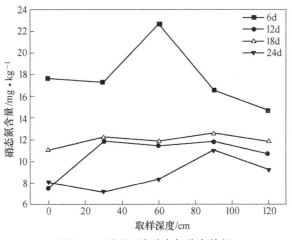

图 7-3　原矿土壤硝态氮分布特征

由图 7-3 可知，在初始淋滤时，原矿土土柱各深度的硝态氮含量在 14mg/kg~22mg/kg 之间，在 60cm 深度时硝态氮含量最大达到 22.73mg/kg。此后随着淋滤时间的推移，除淋滤 6 天时表层土壤的硝态氮含量高于最深层硝态氮含量外，其他时间则都表现为深层土壤硝态氮含量高于表层土壤即硝酸盐会从表层向深层迁移。由图 7-4 可知，校园土壤硝态氮初始含量在 6~15mg/kg 之间，除表层土

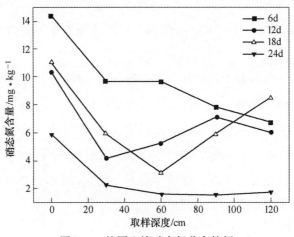

图 7-4　校园土壤硝态氮分布特征

壤的硝态氮含量为 14.36mg/kg 外，其余土层中硝态氮含量均值在 8mg/kg 左右，分布较为集中。淋洗结束时，原矿土和校园土的表层土壤中硝态氮有所淋失，原矿土减少量在 5~14mg/kg 之间，而校园土流失量为 5~9mg/kg，深层土壤则稍有累积。总的来说，原矿土中硝态氮的淋湿量远大于校园土壤，原矿土的表层淋溶损失量要大于其他土层。

　　由于表层土壤通风条件好，在微生物作用下发生硝化反应使土壤表层的部分铵态氮转化为硝态氮，从而使表层土壤中硝态氮含量较高。随后在淋滤的作用，表层土壤的硝酸盐逐渐向深层土壤迁移。当本土壤层的硝酸根离子浓度低于整体土壤溶液中硝酸根离子浓度时，会产生负吸附现象，从而使得本土壤层的硝态氮含量在短期内增加，持续取样容易造成土壤层内部中空，淋滤水流会在此短暂的滞留，使得周围土壤中硝酸根大量溶解在土壤液中并逐渐向下渗透直至排出柱体外。原矿土因含矿石多、粒径大、砂性强、孔隙率大等原因，也会使硝态氮在原矿土中的迁移速率大于校园土壤。

7.2　外源性稀土元素对土壤中氮化物迁移转化的影响

　　由 7.1 节可知，内源性稀土元素会影响原矿土壤中氮化物的迁移特征，稀土元素的存在会加强土壤的固氮能力。通过向稀土原矿土壤中添加不同种类、不同浓度的稀土元素，进一步研究在添加外源稀土元素作用下，稀土矿区土壤中氮化物迁移情况以及在不同外源稀土元素作用下上下层土壤氮化物含量的变化趋势。

7.2.1 试验设计

试验采用动态柱式淋滤试验，实验过程中一共采用四根边缘开孔的土壤柱，分别标记为 A 柱、B 柱、C 柱、D 柱，其中 A 柱为空白对照柱，即不添加外源稀土。在不同稀土含量下，分别向 B、C、D 三根土壤柱中加入浓度为 1g/kg、5g/kg、10g/kg 的外源稀土，所加外源稀土为其稀土氧化物，在装柱时算定每个土柱装土质量，外源稀土连同土壤一同装入土柱中，保证添加外源稀土和不添加外源稀土的内源性稀土矿区土壤的试验同时进行。在不同稀土元素下，即分阶段通过更换土样的方式（更换外源稀土元素时更换土样）向 B、C、D 三根土壤柱加入不同种类外源稀土，同时 A 柱作为空白对照也更换土样。本实验通过对矿区原矿土壤初始稀土元素含量进行测定，选取原矿土壤中稀土元素含量较高的钇、含量中等的镧的氧化物及混合稀土氧化物进行加入。其淋液采用质量浓度为 2.5% 的硫酸铵溶液，模拟稀土矿山浸矿所用剂量，并用水泵 24h 不间断淋洗，一天淋洗 7.2L。每隔两天进行上下层交叉取样，上下层深度分别为 10cm、40cm，测定样的铵态氮、硝态氮及有效氮（包括铵态氮、硝态氮和一部分易分解的有机态氮）含量。

7.2.2 数据分析

所有试验数据利用 SPSS 19.0 软件进行统计分析，并采用双因子方差分析不同稀土元素的浓度和淋滤时间对铵态氮含量的影响。

7.2.3 结果与分析

7.2.3.1 添加不同浓度氧化钇的上层土壤氮化物分布特征

添加不同浓度的氧化钇的上层土壤中氮化物的含量随时间的变化情况如图7-5所示。

由图 7-5 可知，添加不同浓度的氧化钇的上层土壤中，铵态氮和有效氮的含量随时间的推移变化趋势基本相同。由图 7-5(a) 可知，四柱的铵态氮含量随时间的推移都呈现出先增加后减少的趋势，空白柱、A 柱和 B 柱的上层土壤在淋滤时间至第 8 天时铵态氮含量达到最高点，而 D 柱的上层土壤到达最高点则是在第 12 天左右。对比空白柱、A 柱和 B 柱的铵态氮含量随时间的变化趋势可以看出，添加氧化钇的浓度越高，上层土壤的铵态氮含量越高。而通过对比 C 柱和 D 柱，当添加的氧化钇的浓度达到一个峰值后，土壤铵态氮变化程度明显变小，表明外源稀土会对土壤氮形态产生影响，原因是施入较高含量的外源稀土时会抑制土壤的氨化作用[107]，初步确定对铵态氮含量值影响较大的外源稀土氧化钇的峰值在 5~10g/kg 之间。

由图 7-5(b) 可知，添加不同浓度的氧化钇的上层土壤中，四柱的上层土壤硝态氮含量变化趋势仍较为一致，总体呈现出先增加后减少再增加再减少的趋势。初始四柱的硝态氮含量分别为 1.26mg/kg、3.04mg/kg、2.16mg/kg、2.12mg/kg，待淋滤结束时，硝氮含量变成 1.27mg/kg、1.78mg/kg、2.12mg/kg、2.33mg/kg，硝态氮在土壤中的含量变化较小，与铵态氮相比，几乎可以忽略。

由图 7-5(c) 可知，原矿土壤的有效氮含量变化趋势几乎和铵态氮一样。一方面原矿土壤中有机质含量较少，另一方面硝态氮在土壤中含量也很少，因此铵态氮含量占据了原矿土壤中有效氮含量的大部分。在空白柱中，有效氮含量从 260.34mg/kg 上升到 832.62mg/kg，其他加氧化钇的土柱上层土壤有效氮含量从初始的 259.12mg/kg、118.53mg/kg、159.02mg/kg 上升到淋滤结束时的 852.35mg/kg、798.38mg/kg、833.78mg/kg，总体上层土壤有效氮含量都会有所积累。

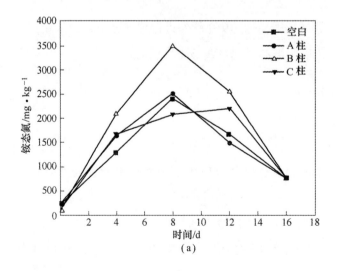

(a)

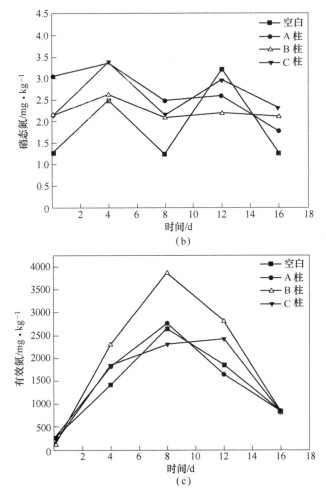

图 7-5　添加不同浓度氧化钇各装置上层土壤氮化物含量变化

（a）各装置上层土壤铵态氮含量变化；（b）各装置上层土壤硝态氮含量变化；

（c）各装置上层土壤有效氮含量变化

7.2.3.2　添加不同浓度氧化钇的下层土壤氮化物分布特征

添加不同浓度的氧化钇的下层土壤中氮化物的含量随时间的变化情况如图7-6所示。

由图 7-6(a) 可知，空白柱和 A 柱中铵态氮含量随时间变化呈现先增加后减少再增加的趋势，而 B 柱和 C 柱铵态氮含量则随时间的推移先增加后减少，其中

B 柱变化较为急剧，而 C 柱则较为平缓。在实验初期，添加的氧化钇浓度越大，下层土壤中铵态氮含量则越高，四柱的起始铵态氮值分别为 467.92mg/kg、886.40mg/kg、1159.59mg/kg、1255.50mg/kg。在实验进行一周后，四柱土壤的铵态氮值达到最大值，这与上层原矿土壤的变化一致。通过对比上层和下层原矿土壤中铵态氮含量变化，四柱的上层原矿土壤的铵态氮初始值是 235.41mg/kg、232.53mg/kg、105.60mg/kg、142.44mg/kg，上层土壤的铵态氮会向下层迁移。待淋滤至半月后，四柱的上层土壤铵态氮值为 755.65mg/kg、733.08mg/kg、723.68mg/kg、755.65mg/kg，下层土壤铵态氮值为 1813.55mg/kg、1923.99mg/kg、1017.22mg/kg、819.59mg/kg，表明在原矿土中，上层土壤铵态氮仍有向下层土壤迁移的趋势，下层土壤有所累积。分析其原因是土壤中的岩土颗粒和土壤胶体表面多带负电，因而对带正电的铵根离子有较强的吸附力，而原矿土壤中添加了氧化钇，这些带正电的三价钇离子能与铵根离子发生反应，并把钇离子置换，随着淋滤的进行，铵根离子不断被截留并吸附在土壤颗粒表面，使土壤中铵态氮含量持续上升，直至达到饱和吸附值。

由图 7-6(b) 可知，添加不同浓度氧化钇的土壤中，除 B 柱下层土壤硝态氮含量随淋滤时间的增加呈先减少后增加的趋势外，其他三柱则都呈现出先减少后增加再减少的趋势，总体硝态氮含量在 0.62~3.35mg/kg 之间。由于硝态氮所带电荷与土壤胶体表面电荷一样，故硝态氮不易被土壤中的岩土颗粒吸附，在淋滤液的不断冲刷下，残留在土壤中的硝态氮极易溶解在水中，并逐渐迁移至下层土

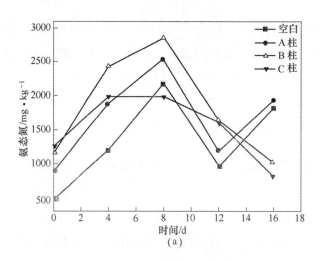

(a)

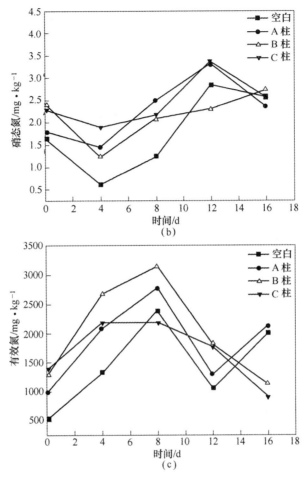

图 7-6 添加不同浓度氧化钇各装置下层土壤氮化物含量变化

(a) 各装置下层土壤氨态氮含量变化；(b) 各装置下层土壤硝态氮含量变化；

(c) 各装置下层土壤有效氮含量变化

壤及浸出液中，从而造成原矿土壤中硝态氮随淋洗量的增加呈逐渐减少趋势，当土壤中某一土层的硝态氮含量较低，其溶解于水中并随淋洗液向下迁移量小于硝态氮在该层的滞留量时，该层硝酸根在短期内将有所积累，这与该层土壤的颗粒结构、孔隙率及含水量有关。

由图 7-6(c) 可知，淋滤初期时，空白柱下层土壤的有效氮含量为 516.51mg/kg，而其他三柱该值在 1000~1400mg/kg 之间，加入的氧化钇浓度越大，其起始有效氮含量越大。随着时间的推移，四柱下层土壤的有效氮含量逐渐增加，在淋滤至一周后达到峰值，随后随着时间的增加，B、C 两柱的下层土壤有效氮含量逐渐减小，B 柱减小趋势较为急剧，而 C 柱则整体变化趋势都较为平缓，空白柱和 A 柱则在出现峰值后，呈现出先减小后增加的变化趋势。四柱的有效氮含量的变化趋势与铵态氮变化趋势较为一致，表明原矿土壤中铵态氮是有效氮的最主要表现形式。

7.2.3.3　添加不同浓度氧化镧的上层土壤氮化物分布特征

添加不同浓度的氧化镧的上层土壤中氮化物的含量随时间的变化如图 7-7 所示。

由图 7-7 可知，添加不同浓度的氧化镧的上层土壤中，铵态氮和有效氮的含量随时间的推移变化趋势基本相同，这与添加不同浓度的氧化钇的上层土壤变化特征类似。从图 7-7(a) 可知，淋滤初始时，添加浓度为 5g/kg 氧化镧的 B 柱上层土壤铵态氮含量高于空白柱，而其他两柱则低于空白柱；淋滤 4 天后，则添加浓度为 1g/kg 氧化镧的 A 柱上层土壤铵态氮含量最高，而空白柱铵态氮含量高于 B、C 两柱；此后，随着淋滤的进行，空白柱与其他三柱最高硝态氮含量持平甚至还更高。B 柱和 C 柱的下层土壤的铵态氮含量随时间的推移都呈现出先减少后增加的趋势，空白柱和 A 柱铵态氮含量呈 M 形走势。淋滤初期，四柱原矿土壤的铵态氮含量分别为 1549.08mg/kg、1316.57mg/kg、1804.83mg/kg、1354.35mg/kg；待淋洗结束时，四柱的铵态氮含量分别为 2133.25mg/kg、1647.89mg/kg、1656.61mg/kg、1784.49mg/kg，铵态氮在上层有所累积。B 柱和 C 柱的上层原矿土壤在淋滤时间至 8 天时铵态氮含量降到最低，而 A 柱的上层原矿土壤在这一时刻虽然也是呈降低趋势，但不是铵态氮含量最低点，空白柱则是在此后逐渐上升，说明低浓度氧化镧对上层土壤铵态氮表现为促进作用，但随着土壤中镧的累积反而会降低土壤铵态氮含量。

由图 7-7(b) 可知，添加不同浓度的氧化镧的原矿土壤中，四柱的上层土壤硝态氮含量变化趋势还是几乎一致，总体呈现出先减少后增加再减少的趋势，而且除淋滤刚开始时空白柱硝态氮含量小于 A 柱外，其他各时段都是空白柱的上层土壤硝态氮高于其他三柱的硝态氮含量。初始四柱的硝态氮含量分别为 4.23mg/kg、4.34mg/kg、3.04mg/kg、2.47mg/kg，待淋滤结束时，硝态氮含量变为 4.10mg/kg、1.60mg/kg、1.63mg/kg、1.74mg/kg，可知硝态氮含量有所淋失，而且加入外源氧化镧的浓度越大，淋失越小，空白柱则淋失最小，表明氧化镧可能对硝态氮有一定的固定作用。和空白柱相比，镧的累积会降低土壤硝态氮含量。这也与钱晓晴等人[108]的研究结果一致。

由图 7-7(c) 可知，上层土壤的有效氮含量变化趋势几乎和铵态氮一样，铵态含量占据了原矿土壤中有效氮含量的大部分。淋滤初期时，添加某一浓度氧化镧的土柱会大于空白柱的有效氮含量，比如淋滤初始时的 A 柱以及淋滤4~8 天的 B 柱；此后随着淋滤时间的持续则表现为空白柱有效氮含量高于其他三柱，褚海燕等人[48]的研究表明镧对土壤有效氮表现为抑制作用，实验结果也表明这一特点。

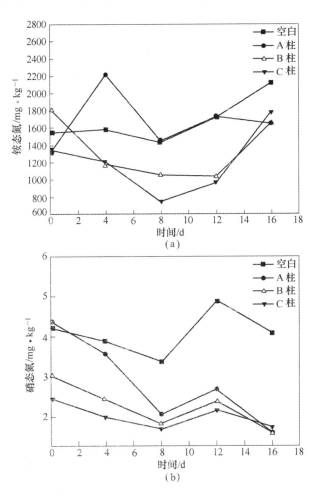

（a）

（b）

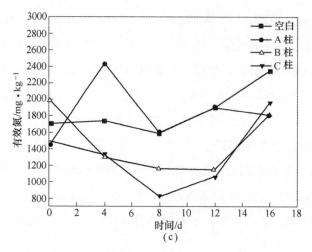

图 7-7　添加不同浓度氧化镧各装置上层土壤氮化物含量变化

(a) 各装置上层土壤中铵态氮含量变化；(b) 各装置上层土壤中硝态氮含量变化；

(c) 各装置上层土壤中有效氮含量变化

7.2.3.4　添加不同浓度氧化镧的下层土壤氮化物分布特征

添加不同浓度的氧化镧的下层土壤中氮化物的含量随时间的变化如图 7-8 所示。

由图 7-8(a)可知，添加氧化镧的三柱铵态氮含量随时间变化趋势较为一致，都呈现出先降低后增加的趋势，而空白柱铵态氮含量则在淋滤初期时小于其他三柱。淋滤 4 天时，氧化镧的添加会增加铵态氮浓度。通过 8~16 天的柱状图可知，施加低浓度氧化镧会增加下层土壤铵态氮浓度，而施加高浓度氧化镧则会减少铵态氮浓度，这与鲁鹏等人[43]的研究相一致。在实验初期，添加的氧化镧浓度越大，原矿土壤中铵态氮含量则越高，四柱的起始铵态氮值分别为 1569.42mg/kg、3285.32mg/kg、2531.42mg/kg、2601.17mg/kg，在实验结束时，四柱的铵态氮值为 2342.51mg/kg、3086.53mg/kg、1331.10mg/kg、2586.64mg/kg，除空柱铵态氮含量有所累积外，其他三柱相比初始铵态氮含量都有所降低，这与上层原矿土壤的变化趋势有所不同。通过对比上层和下层原矿土壤中铵态氮含量变化，A、B、C 三柱的上层原矿土壤的铵态氮初始值是 1316.57mg/kg、1804.83mg/kg、1354.35mg/kg，上层土壤的铵态氮会向下层迁移，其增加量分别为 1968.75mg/kg、726.59mg/kg、

1091.27mg/kg。分析其主要原因是原矿土壤中添加了氧化镧，在氮化物大量被释放并在水流的驱动力下向下层土壤迁移过程中，镧离子被铵根离子交换并吸附在土壤中，铵态氮含量也随之增加。

由图7-8(b) 可知，添加不同浓度氧化镧下层土壤中，B柱、C柱的硝态氮含量随时间增加而逐渐降低，空白柱硝态氮含量表现为逐渐上升，而A柱初始硝态氮含量最高，其他各时段硝态氮含量大小顺序为空白 > A柱 > B柱 > C柱。表明镧的累积会降低土壤硝态氮含量，这与添加氧化钇的上层土壤变化相一致。

由图7-8(c) 可知，淋滤初期时，四柱下层土壤的有效氮含量分别为1730.17mg/kg、3620.44mg/kg、2788.57mg/kg、2864.25mg/kg，其起始有效氮含量和稀土氧化镧的浓度并无直接关系。随着时间的推移，三柱原矿土壤的有效氮含

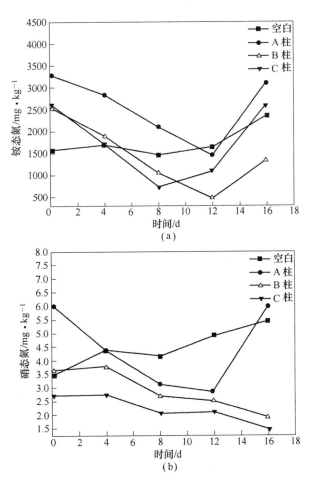

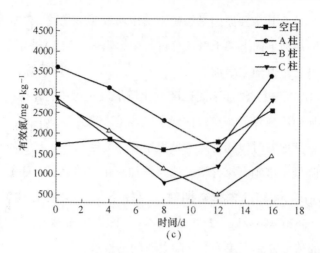

图 7-8　添加不同浓度氧化镧各装置下层土壤氮化物含量变化

(a) 各装置下层土壤铵态氮含量变化；(b) 各装置下层土壤硝态氮含量变化；

(c) 各装置下层土壤有效氮含量变化

量逐渐减小，待实验结束时，四柱的有效氮含量变成 2582.72mg/kg、3401.72mg/kg、1466.31mg/kg、2846.91mg/kg，除空白柱有所累积外，其他三柱有效氮都有所淋失。由前面分析可知，原矿土壤中铵态氮是有效氮的最主要表现形式，四柱的有效氮含量的变化趋势与铵态氮变化趋势较为一致，加入稀土氧化镧的下层土壤也具有这一特征。

7.2.3.5　添加不同浓度混合稀土的上层土壤氮化物分布特征

添加不同浓度的混合稀土的上层土壤中氮化物的含量随时间的变化情况如图 7-9 所示。

由图 7-9(a) 可知，在添加不同浓度混合稀土的上层土壤中，四柱的初始铵态氮浓度分别为 1551.61mg/kg、1456.07mg/kg、1351.45mg/kg、1084.06mg/kg，加入混合稀土浓度越高，其初始铵态氮浓度越低。随着时间的推移，四柱上层土壤的铵态氮含量呈现出先减少后增加的趋势，待淋滤到第 8 天时，四柱的铵态氮含量达到最低值，随后空白柱和 C 柱土壤铵态氮值突然由最小升到最大，变化比较急剧；待淋洗结束时，四柱铵态氮含量分别为 2744.12mg/kg、2362.85mg/kg、2115.81mg/kg、1935.62mg/kg，仍符合加入混合稀土浓度越高，铵态氮浓度越低的趋势，表明加入不同浓度外源混合稀土对铵态氮的含量有影响，加入浓度过高的混合稀土元素可能会抑制土壤铵态氮的产生。

由图 7-9(b) 可知，上层土壤中，四柱上层土壤硝态氮含量随时间的推移呈先减少后增加的趋势。淋滤初期，空白柱硝态氮含量为 4.54mg/kg，其他三柱的硝态氮含量分布在 2.6~2.8mg/kg 间，分布较为集中。随着时间的推移，空白柱硝态氮含量变化较小，其他三柱的硝态氮含量逐渐增加。截至淋滤结束时，空白柱硝态氮含量为 6.85mg/kg，其他三柱硝态氮含量分别为 24.79mg/kg、23.34mg/kg、17.96mg/kg，远远高于淋洗初期的硝态氮含量。对比淋滤初始和结束时 A、B、C 三柱的硝态氮含量可知，加入混合稀土浓度越高，硝态氮含量则越低，这种变化趋势与前述铵态氮一致。

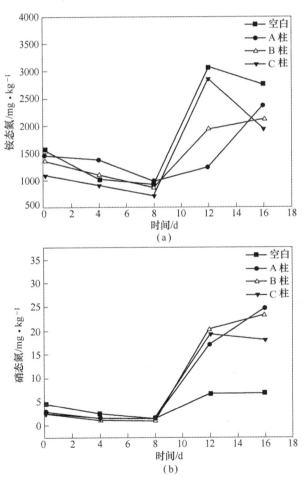

(a)

(b)

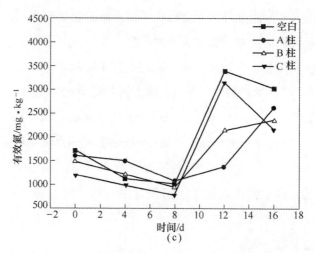

图 7-9　添加不同浓度混合稀土各装置上层土壤氮化物含量变化

(a) 各装置上层土壤铵态氮含量变化；(b) 各装置上层土壤硝态氮含量变化；

(c) 各装置上层土壤有效氮含量变化

　　由图 7-9(c) 可知，上层土壤有效氮变化规律和氨氮一致。待实验进行到第 8 天，各柱的有效氮含量达到最低，随后随着淋滤的进行其含量有所增加。各柱有效氮含量和添加混合稀土的浓度呈负相关关系，加入低浓度稀土元素会增加土壤有效氮浓度，而施加高浓度稀土元素会减少有效氮浓度，与鲁鹏等人[43] 的研究结论相一致。

7.2.3.6　添加不同浓度混合稀土的下层土壤氮化物分布特征

　　添加不同浓度的混合稀土的下层土壤中氮化物的含量随时间的变化如图 7-10 所示。

　　由图 7-10(a) 可知，添加混合稀土的下层土壤中，空白柱和 A 柱铵态氮含量随时间推移呈先减少后增加的变化规律，B 柱和 C 柱则表现出先减少后增加再减少趋势。四柱下层土壤均在淋滤至第 8 天时铵态氮含量达到最低，淋滤前 8 天，各柱铵态氮含量大小顺序为空白柱>A 柱>B 柱>C 柱，此后随着淋滤进行其含量大小顺序有所变化，淋滤结束时，仍是空白柱铵态氮含量最大，达到 3932.36mg/kg。该规律与添加混合稀土上层土壤铵态氮变化趋势相一致，高浓度的混合稀土会抑制铵态氮的产生，这与前人的研究[42,43,106] 结论都相一致。

从图 7-10(b) 可看出四柱下层土壤硝态氮含量随淋滤时间的增加呈先降低再升高的变化规律。淋滤前 8 天，除空白柱和 A 柱初始硝态氮含量较高达到 8.03mg/kg、6.41mg/kg 外，其他三柱硝态氮含量都较为集中，分布在 0.7～2.0mg/kg 之间。淋滤 8 天以后，四柱硝态氮含量都有较大幅度的提升，待淋滤结束时，四柱硝态氮含量分别为 18.75mg/kg、20.9mg/kg、21.62mg/kg、21.30mg/kg，硝态氮都有所累积，该变化与加入混合稀土的上层土壤硝态氮变化一致。结合图 7-10(a) 和图 7-10(b) 来看，实验初期，硝态氮会从上层向下层迁移，随着时间的推移，迁移趋势减弱甚至上层土壤硝态氮含量还大于下层土壤。由于表层土壤通风条件好，在微生物作用下发生硝化反应使土壤表层的部分铵态氮转化为硝态氮，从而使表层土壤中硝态氮含量较高。随后在淋滤的作用下，表层土壤的硝酸盐逐渐向深层土壤迁移，当本土壤层的硝酸根离子浓度低于整体土壤溶液中硝酸根离子浓度时，会产生负吸附现象，从而使得本土壤层的硝态氮含量在短期内增加，持续取样容易造成土壤层内部中空，淋滤水流会在此短暂的滞留，使得周围土壤中硝酸根大量溶解在土壤溶液中，并在重力作用下逐渐向柱体外排出。

由图 7-10(c) 可知，四柱下层土壤的初始有效氮含量表现出添加混合稀土浓度越高，有效氮含量越低的特点，空白柱有效氮含量最高达到 3350.28mg/kg，待实验结束时其有效氮含量也呈现出此特点。下层土壤也表现出和上层土壤相同的变化趋势，表明添加混合稀土浓度的峰值在 0～1g/kg 之间。结合图 7-10(a) 和图 7-10(c) 来看，四柱的铵态氮变化趋势和有效氮变化趋势一致，这可能是

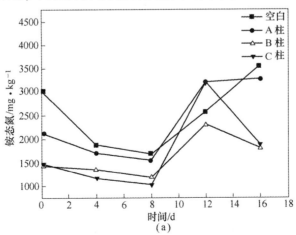

(a)

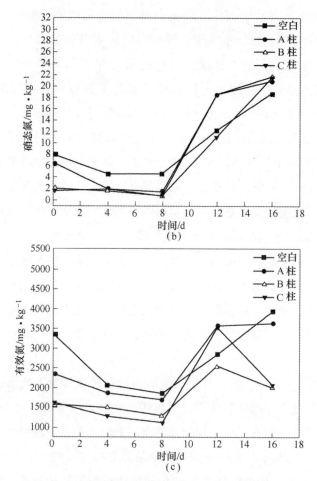

图 7-10　添加不同浓度混合稀土各装置下层土壤氮化物含量变化

（a）各装置下层土壤铵态氮含量变化；（b）各装置下层土壤硝态氮含量变化；
（c）各装置下层土壤有机氮含量变化

因为淋滤液中大量的铵根离子被黏附在稀土土壤中被稀土离子置换并存于土壤中，从而土壤中的氮化物大部分以铵根形式存在，而原矿土壤中有机质含量又较小，硝态氮的含量对有效氮含量变化的影响极小。因此，稀土矿土壤中氮化物主要以铵根形式存在，矿区土壤及周边水环境污染主要是铵态氮的污染。

7.2.4　双因子方差分析

不同稀土元素种类、浓度和淋滤时间下铵态氮含量见表 7-1。

表 7-1 不同稀土元素种类、浓度和时间下铵态氮含量

浓度 /g · kg^{-1}	时间 /d	Y 上层 /mg · kg^{-1}	Y 下层 /mg · kg^{-1}	La 上层 /mg · kg^{-1}	La 下层 /mg · kg^{-1}	混合上层 /mg · kg^{-1}	混合下层 /mg · kg^{-1}
0	0	235.41	467.92	1549.08	1569.42	1055.61	3037.68
0	4	1290.41	1197.41	1583.95	1685.67	1019.64	1877.49
0	8	2168.13	2168.13	1435.73	1447.35	909.68	1679.86
0	12	1671.14	964.90	1732.18	1624.64	3080.49	2577.92
0	16	755.65	1813.55	2133.25	2342.51	2744.12	3556.12
1	0	232.53	886.40	1316.57	3285.32	1456.07	2134.62
1	4	1642.08	1894.94	2205.91	2813.33	1363.07	1691.49
1	8	2537.25	2537.25	1447.35	2098.37	973.62	1534.54
1	12	1496.77	1179.97	1732.18	1447.35	1226.47	3220.22
1	16	773.08	1923.99	1647.89	3086.53	2362.85	3269.63
5	0	105.60	1159.59	1804.83	2531.42	1351.45	1435.19
5	4	2078.03	2429.71	1177.07	1877.49	1098.59	1351.45
5	8	2859.85	2859.85	1055.00	1046.28	855.74	1171.25
5	12	2554.68	1642.08	1037.56	470.83	1932.71	2307.63
5	16	723.68	1017.22	1656.61	1331.10	2115.81	1796.11
10	0	142.44	1255.50	1354.35	2601.17	1084.06	1470.61
10	4	1671.14	1985.04	1209.03	1708.92	898.06	1162.53
10	8	1990.86	1990.86	749.83	732.40	709.15	1017.22
10	12	2198.81	1604.3	970.72	1095.69	2865.23	3188.25
10	16	755.65	819.59	1784.49	2586.64	1935.62	1871.68

7.2.4.1 添加不同浓度氧化钇的土壤双因素方差分析

表 7-2 和表 7-3 为添加氧化钇的上下层土壤不同稀土浓度和淋滤时间对铵态氮含量的方差分析。

表 7-2 方差分析（Y 上层）

变异来源	平方和	自由度	均方差	F	Sig.
校正模型	13729929.598a	7	1961418.514	24.824	0
截距	38873614.23	1	38873614.23	491.997	0

变异来源	平方和	自由度	均方差	F	Sig.
浓度	535277.145	3	178425.715	2.258	0.134
时间	13194652.45	4	3298663.113	41.749	0
误差	948141.777	12	79011.815		
总变异	53551685.6	20			
校正模型	14678071.38	19			

分别对行因素和列因素提出假设：

行因素的原假设：浓度的不同对氮含量没有影响。

行因素的备择假设：浓度的不同对氮含量有显著的影响。

列因素的原假设：时间的不同对氮含量没有影响。

列因素的备择假设：时间的不同对氮含量有显著的影响。

根据表 7-2 的结果，行 F 值为 2.258 接受了原假设（$p > 0.05$），表明浓度的不同对上层土壤氨氮含量没有影响。列 F 值为 41.749 拒绝了原假设（$p < 0.05$），表明时间的不同对上层土壤氨氮含量有显著的影响。

表 7-3　方差分析（Y 下层）

变异来源	平方和	自由度	均方差	F	Sig.
校正模型	5637956.606a	7	805422.372	4.451	0.012
截距	50556276.16	1	50556276.16	279.415	0
浓度	688529.585	3	229509.862	1.268	0.329
时间	4949427.021	4	1237356.755	6.839	0.004
误差	2171236.002	12	18936.333		
总变异	58365468.77	20			
校正模型	7809192.608	19			

对行因素和列因素假设与表 7-2 相一致。

根据表 7-3 的结果，行 F 值为 1.268 接受了原假设（$p > 0.05$），表明浓度的不同对下层土壤含量没有影响。列 F 值为 6.839 拒绝了原假设（$p < 0.05$），表明时间的不同对下层土壤氨氮含量有显著的影响。

7.2.4.2 添加不同浓度氧化镧的土壤双因素方差分析

表7-4和表7-5为添加氧化镧的上下层土壤不同稀土浓度和淋滤时间对铵态氮含量的方差分析。

表7-4 方差分析（La 上层）

变异来源	平方和	自由度	均方差	F	Sig.
校正模型	1711087.011a	7	7244441.002	2.869	0.052
截距	43759410.28	1	43759410.28	513.527	0
浓度	838472.841	3	279490.947	3.28	0.059
时间	872614.171	4	218153.543	2.56	0.093
误差	1022561.355	12	85213.446		
总变异	46493058.65	20			
校正模型	2733648.366	19			

对行因素和列因素假设与表7-2相一致。

根据表7-4的结果，行 F 值为3.28接受了原假设（$p>0.05$），表明浓度的不同对上层土壤氨氮含量没有影响。列 F 值为2.56接受了原假设（$p>0.05$），表明时间的不同对上层土壤氨氮含量没有影响。

表7-5 方差分析（La 下层）

变异来源	平方和	自由度	均方差	F	Sig.
校正模型	9047549.327a	7	1292507.047	6.268	0.003
截距	69872303.64	1	69872303.64	338.836	0
浓度	3332872.426	3	1110957.475	5.387	0.014
时间	5714676.901	4	1428669.225	6.928	0.004
误差	2474550.702	12	206212.558		
总变异	81394403.66	20			
校正模型	11522100.03	19			

对行因素和列因素假设与表7-2相一致。

根据表7-5的结果，行 F 值为5.387拒绝了原假设（$p<0.05$），表明浓度的不同对下层土壤氨氮含量有显著的影响。列 F 值为6.928拒绝了原假设（$p<$

0.05），表明时间的不同对下层土壤氨氮含量有显著的影响。

7.2.4.3　添加不同浓度混合稀土的土壤双因素方差分析

表 7-6 和表 7-7 为添加混合稀土的上下层土壤不同稀土浓度和淋滤时间对铵态氮含量的方差分析。

表 7-6　方差分析（混合上层）

变异来源	平方和	自由度	均方差	F	Sig.
校正模型	7689741.266a	7	1098534.467	5.691	0.004
截距	49719783.94	1	49719783.94	257.562	0
浓度	541370.144	3	180456.715	0.935	0.454
时间	7148371.122	4	1787092.78	9.258	0.001
误差	2316476.639	12	193039.72		
总变异	59726001.84	20			
校正模型	10006217.91	19			

对行因素和列因素假设与表 7-2 相一致。

根据表 7-6 的结果，行 F 值为 0.935 接受了原假设（$p > 0.05$），表明浓度的不同对上层土壤氨氮含量没有影响。列 F 值为 9.258 拒绝了原假设（$p < 0.05$），表明时间的不同对上层土壤氨氮含量有显著的影响。

表 7-7　方差分析（混合下层）

变异来源	平方和	自由度	均方差	F	Sig.
校正模型	9949542.094a	7	1421363.156	7.486	0.001
截距	85497286.26	1	85497286.26	450.323	0
浓度	3167234.43	3	1055744.81	5.561	0.013
时间	6782307.664	4	1695576.916	8.931	0.001
误差	2278293.625	12	189857.802		
总变异	97725121.98	20			
校正模型	12227835.72	19			

对行因素和列因素假设与表 7-2 相一致。

根据表 7-7 的结果，行 F 值为 5.561 接受了原假设（$p < 0.05$），表明浓度的不同对下层土壤氨氮含量有显著的影响。列 F 值为 8.931 拒绝了原假设（$p < 0.05$），表明时间的不同对下层土壤氨氮含量有显著的影响。

7.3　稀土元素与氮化物的作用分析

通过混培实验，采用硝酸稀土进行土壤施用，探讨其对土壤氮化物转化的影响及两者间的作用，并对作用的机理进行简单的分析。

7.3.1　混培实验设计

采用赣南稀土矿区原矿土样，捣碎，过 60mm 孔径筛，混匀，称取土样 2kg 4 份。浸提液配置成 2.5% 的硫酸铵溶液，调节 pH 值至 6.0。另分别称取 5g 的 La_2O_3、Y_2O_3 以及混合稀土溶解于 20mL 浓度为 69% 的硝酸溶液中，待其完全溶解后加入 500mL 去离子水配置成硝酸稀土溶液。吸取 4 份 100mL 硫酸铵溶液于 500mL 烧杯中，分别加入 100mL 三种不同种类的硝酸稀土，将此反应液分别加入 4 份土样中，充分混匀，装入塑料盆在 25℃室温培养，分期测定铵态氮及硝态氮的含量。

7.3.2　结果与分析

表 7-8 和表 7-9 为外源稀土处理对硫酸铵、土壤混合培养物中铵态氮和硝态氮含量的影响。

表 7-8　不同培养时间下铵态氮浓度　　　（mg/L）

外源稀土	培养时间/d			
	0	2	4	6
空白	50.92	52.65	55.96	56.53
Y_2O_3	51.26	54.64	58.85	64.48
La_2O_3	49.85	55.45	58.66	63.24
混合稀土	49.67	51.54	59.82	65.55

表 7-9　不同培养时间下硝态氮浓度　（mg/L）

外源稀土	培养时间/d			
	0	2	4	6
空白	1.11	1.25	1.46	1.78
Y$_2$O$_3$	0.68	0.70	0.65	0.59
La$_2$O$_3$	0.72	0.65	0.68	0.64
混合稀土	0.85	0.82	0.79	0.80

从表 7-8 可知，外源稀土加入硫酸铵、土壤混合培养物中对其铵态氮含量起着明显的作用，空白组在培养 6 天内铵态氮含量增加平缓，加入外源稀土的混合培养物中铵态氮含量增长较为迅速。由表 7-9 可以得出，加入外源稀土的混合培养物硝氮含量变化较小，而空白组则有上升趋势，这可能是外源稀土的加入会抑制铵的硝化作用[108]，会降土壤内硝态氮的积累。

7.3.3　土壤表征分析

土壤采自矿区尚未开采的原矿土样，土样经过 X 射线荧光光谱半定量分析是富集氧化钇的稀土矿，具体结果见表 7-10。从表 7-10 可知铝的品位为 14.735%，计算出稀土品位为 0.09%。

表 7-10　稀土矿的主要化学组成（质量分数）　（%）

组成	Na	Mg	Al	Si	P	S	Cl
含量	0.294	0.057	14.735	23.042	0.006	0.009	0.01
组成	K	Ca	Ti	Cr	Mn	Fe	Ni
含量	3.394	0.035	0.013	0.007	0.083	1.037	0.005
组成	Cu	Zn	Ga	As	Rb	RE	Zr
含量	0.003	0.014	0.005	0.015	0.086	0.038	0.007
组成	Nb	Cs	Tl	Pb	Th	O	灼减
含量	0.005	0.008	0.001	0.024	0.003	46.817	10.2

为了进一步了解浸液前后原矿土壤表面物质成分，分别对浸液前后的原矿土壤进行 X 射线衍射分析，如图 7-11 和图 7-12 所示。由图 7-11 可知，经过 X 射线衍射图谱分析可以得到原矿土壤的矿物种类主要是石英、云母以及黏土矿物，

其中钙离子、镁离子、钾离子、钠离子等是土壤中可交换的阳离子，在与铵根离子等其他阳离子交换过程起着重要作用[102]。

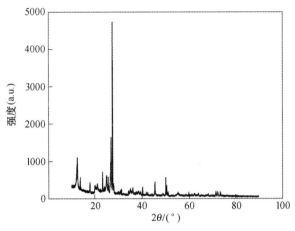

图7-11 原矿土壤的X射线衍射图

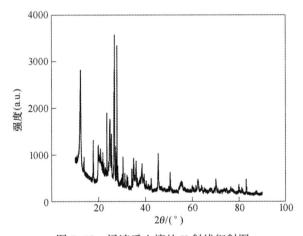

图7-12 浸液后土壤的X射线衍射图

由浸液前后的X射线衍射图可知，浸液前物质高度分散，浸液后使得矿物、稀土等析出，白云母在浸液后在角度45.47°、26.83°和17.77°都呈现相应的峰值，硅酸铝化合物在14.36°与25.8°也有较清晰的峰值。

7.3.4 机理分析

离子型稀土土壤中稀土元素大多数呈阳离子状态吸附于高岭石、白云母等岩土矿物质表面。这些处于可交换态的稀土离子遇到交换势能更大的阳离子如铵根离子时，便会被其交换并解析下来，具体反应式如下：

$$[黏土矿物]_m \cdot nRE^{3+} + 3nA^+ \longrightarrow [黏土矿物]_m \cdot 3nA^+ + nRE^{3+}$$

当以硫酸铵为浸提药剂时，反应机理为：

$$2[高岭土]^{3+} \cdot nRE^{3+} + 3(NH_4)_2SO_4 \longrightarrow 2[高岭土]^{3+} \cdot 6NH_4^+ + RE^{3+}(SO_4)_3$$

此外，硫酸铵溶液中加入外源硝酸稀土，对稀土矿区水土氮化物及稀土元素浓度调查可知，稀土矿中大部分稀土元素呈阳离子状态，带三价正电荷，三价的 Y^{3+}、La^{3+} 会将硫酸铵中的铵根离子解析出来，生成稀土配合物；而混合稀土中也包含 Y^{3+}、La^{3+} 等其他稀土阳离子，同样会和铵根离子发生交换解析作用。由于铵根离子被交换解析出来，使得土壤中铵态氮含量增加。

图 6-39 为氮化物的转化途径图。由图可以看出土壤中氮化物的损失主要有离子的吸附、硝化作用下铵根离子的转化等。被土壤胶体吸附的 NH_4^+ 在好氧条件下进行硝化作用，主要分两个阶段进行，首先在亚硝化菌的作用下，使氨转化为亚硝酸氮；然后亚硝酸菌在硝酸菌的作用下，进一步转化为硝酸氮。当然，在厌氧条件下，也可能发生反硝化反应。反硝化反应是指硝态氮和亚硝态氮在反硝化菌的作用下，被还原成 N_2 的过程。根据实验过程中对土壤中亚硝态氮的测定，其含量很少，而且实验装置也不满足厌氧的条件，所以在实验讨论中基本可忽略。

参 考 文 献

[1] Tian J, Yin J, Chen K, et al. Optimisation of mass transfer in column elution of rare earths from low grade weathered crust elution-deposited rare earth ore [J]. Hydrometallurgy, 2010, 103 (1): 211~214.

[2] 池汝安, 田君, 罗仙平, 等. 风化壳淋积型稀土矿的基础研究 [J]. 有色金属科学与工程, 2012, 3 (4): 1~13.

[3] 兰荣华. 赣南离子型稀土矿环境问题及防治对策 [J]. 求实, 2004, 4 (1): 174~175.

[4] 彭冬水. 赣南稀土矿水土流失特点及防治技术 [J]. 亚热带水土保持, 2005, 17 (3): 14~15.

[5] 赵靖. 离子吸附型稀土矿原地溶浸过程分析及其数模研究 [D]. 长沙: 中南工业大学, 2001.

[6] 余斌, 谢锦添. 奄福塘离子吸附型稀土矿原地浸出方案研究 [J]. 国外金属矿选矿, 2004, 41 (4): 37~40.

[7] 李永绣, 张玲, 周新木. 南方离子型稀土的资源和环境保护性开采模式 [J]. 稀土, 2010, 31 (2): 80~85.

[8] 王全九, 邵明安, 郑纪勇. 土壤中水分运动与溶质迁移 [M]. 北京: 中国水利水电出版社, 2007.

[9] 樊向阳, 齐学斌, 黄仲冬, 等. 土壤氮素运移转化机理研究现状与展望 [J]. 中国农学通报, 2006, 22 (3): 254~258.

[10] 赵常兵, 陈萍, 赵霞则, 等. 溶质运移理论的发展 [J]. 水利科技与经济, 2006, 12 (8): 502~504.

[11] 李云开, 杨培岭, 任树梅. 土壤水分与溶质运移机制的分形理论研究进展 [J]. 水科学进展, 2005, 16 (6): 892~899.

[12] 叶自桐. 利用盐分迁移函数模型研究入渗条件下土层的水盐动态 [J]. 水利学报, 1990, 1 (2): 1~9.

[13] 张蔚臻. 土壤水盐运移模拟方法的初步研究 [C] //农田排灌与地下水盐运动理论和应用论文集. 北京: 1992, 244~263.

[14] 李瑾. 西南山区某极低放废物处置场 I 号场址地下水环境影响评价 [D]. 成都: 成都理工大学, 2006.

[15] Hatfield J L, Follett R F. Nitrogen in the environment [M]. USA: Academic Press, 2008.

［16］ Stevenson F J. Nitrogen in agriculture Soil ［M］. American Society of Agronomy，USA，1982.

［17］ 李久生，饶敏杰，张建君. 干旱区玉米滴灌需水规律的田间试验研究 ［J］. 灌溉排水学报，2003，22（1）：16~21.

［18］ 王康，沈荣开. 节水条件下土壤氮化物的环境影响效应研究 ［J］. 水科学进展，2003，4（4）：437~441.

［19］ 王飞，张蕊，刘子剑，等. 碳源对氮化物在不同潜流带介质中的迁移转化规律研究 ［J］. 价值工程，2012，24（4）：18~21.

［20］ 贺秋芳，袁文昊，肖琼，等. 重庆典型岩溶槽谷区土壤氮化物迁移过程分析 ［J］. 人民长江，2012，43（1）：76~79.

［21］ 李玉庆，王康，杨永红，等. 灌区尺度氮磷的迁移转化特征分析 ［J］. 中国农学通报，2012，28（30）：82~89.

［22］ 杨毓峰，李世清. 黄土高原沟壑区原状土壤氮化物迁移 ［J］. 广东海洋大学学报，2010，30（6）：64~69.

［23］ 冯绍元，张瑜芳. 排水条件下饱和土壤中氮肥转化与迁移模拟 ［J］. 水利学报，1995，221（6）：16~22.

［24］ 刘培斌，张瑜芳. 田间一维饱和非饱和土壤中氮化物迁移与转化的动力学模式研究 ［J］. 土壤学报，2000，37（4）：490~498.

［25］ 雷志栋，杨诗秀，谢森传. 土壤水动力学 ［M］. 北京：清华大学出版社，1988.

［26］ 冯绍元，张瑜芳，等. 非饱和土壤中氮素运移与转化试验及其数值模拟 ［J］. 水利学报，1996，1（8）：8~15.

［27］ 曹巧红，龚元石. 应用 Hydrus-1D 模型模拟分析冬小麦农田水分氮化物迁移特征 ［J］. 植物营养与肥料学报，2003，9（2）：139~145.

［28］ 张思聪，吕贤弼. 灌溉施肥条件下氮化物在土壤中迁移转化的研究 ［J］. 水利水电技术，1999，30（5）：6~8.

［29］ 杜恩昊，张佳宝，唐立松. 一种溶质迁移数学模型的应用研究 ［J］. 干旱区研究，2001，18（1）：29~34.

［30］ 任理，李保国，叶素萍，等. 稳定流场中饱和均质土壤盐分迁移的传递函数解 ［J］. 水科学进展，1999，10（2）：107~112.

［31］ 任理，刘兆光，李保国. 非稳定流条件下非饱和均质土壤溶质遥移的传递函数解 ［J］. 水利学报，2000（2）：7~15.

［32］ 黄元仿，李韵珠，李保国，等. 区域农田土壤水和氮化物行为的模拟 ［J］. 水利学报，

2001 (11)：87~92.

[33] 熊炳昆，陈蓬，郭伯生，等. 稀土农林研究与应用 [M]. 北京：冶金工业出版社，2000.

[34] 王晓蓉. 稀土元素的环境化学研究及发展趋势 [J]. 环境化学，1991，10 (6)：73.

[35] 章力干，竺伟民，张继榛，等. 同位素示踪法测定稀土在土壤中吸附、解吸和扩散 [J]. 中国稀土学报，1996，14 (3)：249~253.

[36] 竺伟民，张继榛，章力干，等. 稀土在土壤中运移数值模拟研究 [J]. 中国稀土学报，1996，14 (4)：341~346.

[37] 朱建国，谢祖彬，褚海燕，等. 外源镧对红壤、水稻土肥力参数的影响 [J]. 中国稀土学报，2001，19 (3)：261~264.

[38] 谢祖彬，朱建国. 外源镧的吸附对红壤阳离子交换量和溶液组成的影响 [J]. 南京农业大学学报，2000，23 (2)：61~64.

[39] 马瑞霞，王文华，王子健. 稀土对土壤微生物生物量的影响 [C] //第一届中荷稀土元素环境行为和生态毒理研讨会. 北京：1996：51.

[40] Tang Xinyun, Zhang Zili, Zhou Bangbing. Effect of lanthanum on quantity of majormicroorganism groups in yellow cinnamon soil [J]. Rare Earth, 1998, 16 (3)：193.

[41] 褚海燕，朱建国. 稀土元素镧对红壤脲酶、酸性磷酸酶活性的影响 [J]. 农业环境科学学报，2000，19 (4)：193~195.

[42] 丁士明，张自立，梁涛，等. 土壤中稀土对有效氮形态分配和转化的影响 [J]. 中国稀土学报，2004，22 (3)：375~379.

[43] 鲁鹏，刘定芳. 外源稀土微肥对土壤氮磷养分的影响 [J]. 环境科学学报，1999，19 (5)：532~535.

[44] 徐星凯，王子健，刘琰. 土壤-植物系统中稀土元素与氮磷养分的交互作用 [J]. 应用生态学报，2002，13 (6)：750~752.

[45] 刘定芳，王子健. 施加外源稀土元素对土壤中氮形态转化和有效性的影响 [J]. 应用生态学报，2001，12 (4)：545~548.

[46] 徐芳，芮玉奎，张福锁. 铵态氮肥和尿素中稀土元素含量比较 [J]. 安徽农业科学，2008，36 (6)：23~26.

[47] 司静，卢少勇，金相灿，等. pH 值和光照对镧改性膨润土吸附水中氮和磷的影响 [J]. 中国环境科学，2009，29 (9)：946~950.

[48] 褚海燕，曹志洪，谢祖彬，等. 镧对红壤微生物碳、氮及呼吸强度的影响 [J]. 中国稀

土学报，2001，19（2）：158~161.

［49］Zeng S C, Su Z Y, Chen B G, et al. Nitrogen and phosphorus runoff losses from orchard soils in South China as affected by fertilization depths and rates［J］. Pedosphere，2008，18（1）：45~53.

［50］詹议，付永胜. 施肥量不同降雨量相同对农作物氮化物流失的影响研究［J］. 科学论坛，2012，1（15）：100.

［51］范丙全，胡春芳，平建立. 灌溉施肥对壤质潮土硝态氮淋溶的影响［J］. 植物营养与肥料学报，1998，4（1）：16~21.

［52］刘健. 三种质地土壤氮化物淋溶规律研究［D］. 北京，北京林业大学，2010.

［53］Ottman M J, Pope N V. Nitrogen fertilizer movement in the soil as influenced by nitrogen rate and timing in irrigated wheat［J］. Soil Sci. Soc. A m. J . 2000（64）：1883~1892.

［54］罗微，林清火，茶正早，等. 尿素在砖红壤中的淋失特征 I . NH_4^+—N 的淋失［J］. 西南大学学报（自然科学版），2005，27（1）：85~88.

［55］Zhang X, Wang Q, Li L, et al. Seasonal variations in nitrogen mineralization under three land use types in a grassland landscape［J］. Acta Oecologica，2008，34（3）：322~330.

［56］姜翠玲，夏自强，崔广柏. 土壤含水量与氮化合物迁移转化的相关性分析［J］. 河海大学学报（自然科学版），2003，31（3）：241~245.

［57］Singh B, Sekhon G S. Some measures of reducing leaching loss of nitrates beyond potential rooting zone［J］. Plant & Soil，1976，44（1）：193~200.

［58］王兴武，于强，张国梁. 鲁西北平原夏玉米产量与土壤硝态氮淋失［J］. 地理研究，2005，24（1）：140~150.

［59］张亚丽，张兴昌，邵明安，等. 降雨强度对黄土坡面矿质氮素流失的影响［J］. 农业工程学报，2004，20（3）：55~58.

［60］吴希媛，张丽萍，张妙仙，等. 不同雨强下坡地氮流失特征［J］. 生态学报，2007，27（11）：4576~4582.

［61］Allaire-Leung S E, Wu L, Mitchell J P, et al. Nitrate leaching and soil nitrate content as affected by irrigation uniformity in a carrot field［J］. Agricultural Water Management，2007，48（1）：37~50.

［62］Aronsson P G, Bergström L F. Nitrate leaching from lysimeter-grown short-rotation willow coppice in relation to N-application, irrigation and soil type［J］. Biomass & Bioenergy，2001，21（3）：155~164.

[63] Chen X, Wu H, Fei W. Nitrate vertical transport in the main paddy soils of Tai Lake region, China [J]. Geoderma, 2007, 142 (1): 136~141.

[64] Zhou J B, Jin-Gen X I, Chen Z J, et al. Leaching and transformation of nitrogen fertilizers in soil after application of N with irrigation: a soil column method [J]. PEDOSPHERE, 2006, 16 (2): 245~252.

[65] Hoffmann M, Johnsson H, Gustafson A, et al. Leaching of nitrogen in Swedish agriculture—a historical perspective. [J]. Agriculture Ecosystems & Environment, 2000, 80 (3): 277~290.

[66] 张玉铭, 胡春胜, 董文旭, 等. 农田土壤 N_2O 生成与排放影响因素及 N_2O 总量估算的研究 [J]. 中国生态农业学报, 2004, 12 (3): 119~123.

[67] Bergström L, Johansson R. Leaching of nitrate from monolith lysimeters of different types of agricultural soils [J]. Journal of Environmental Quality, 1991, 20 (4): 801~807.

[68] 阮晓红, 王超, 朱亮. 氮在饱和土壤层中迁移转化特征研究 [J]. 河海大学学报, 1996, 24 (2): 51~55.

[69] 李宗新, 董树亭, 王空军, 等. 不同施肥条件下玉米田土壤养分淋溶规律的原位研究 [J]. 应用生态学报, 2008, 19 (1): 65~70.

[70] Bergström L, Johansson R. Leaching of nitrate from monolith lysimeters of different types of agricultural soils [J]. Journal of Environmental Quality, 1991, 20 (4): 801~807.

[71] 王西娜, 王朝辉, 李生秀. 种植玉米与休闲对土壤水分和矿质态氮的影响 [J]. 中国农业科学, 2006, 39 (6): 1179~1185.

[72] 宋海星, 李生秀. 根系的吸收作用及土壤水分对硝态氮和铵态氮分布的影响 [J]. 中国农业科学, 2005, 38 (1): 96~101.

[73] Kai K, Duynisveld W H M, Böttcher J. Nitrogen fertilization and nitrate leaching into groundwater on arable sandy soils [J]. Journal of Plant Nutrition & Soil Science, 2010, 169 (2): 185~195.

[74] 郭建华, 赵春江, 孟志军, 等. 北方旱作条件下玉米施用氮肥对氮吸收和淋溶的影响 [J]. 土壤通报, 2008, 39 (3): 562~565.

[75] 普传杰, 秦德先, 黎应书. 矿业开发与生态环境问题思考 [J]. 中国矿业, 2004 (6): 21~24.

[76] 赵中波. 离子型稀土矿原地浸析采矿及其推广应用中值得重视的问题 [J]. 江西理工大学学报, 2000, 21 (3): 179~183.

[77] Johannesson K H, Lyons W B, Yelken M A, et al. Geochemistry of the rare-earth elements in

hypersaline and dilute acidic natural terrestrial waters: Complexation behavior and middle rare-earth element enrichments [J]. Chemical Geology, 1996, 133 (14): 125~144.

[78] Sholkovitz E R. The aquatic chemistry of rare earth elements in rivers and estuaries [J]. Aquatic Geochemistry, 1995, 1 (1): 1~34.

[79] Bau M. Scavenging of dissolved yttrium and rare earths by precipitating iron oxyhydroxide: experimental evidence for Ce oxidation, Y-Ho fractionation, and lanthanide tetrad effect [J]. Geochimica Et Cosmochimica Acta, 1999, 63 (1): 67~77.

[80] 韩建设, 刘建华, 叶祥, 等. 南方稀土水冶含氨废水综合回收工艺探讨 [J]. 稀土, 2008, 29 (6): 69~74.

[81] 张世葵, 王太伟. 某离子型稀土矿地下水环境质量现状分析与评价 [J]. 城市建设理论 (电子版), 2012, 1 (14): 1~10.

[82] 祝怡斌, 周连碧, 李青. 离子型稀土原地浸矿水污染控制措施 [J]. 有色金属 (选矿部分), 2011, 1 (6): 46~49.

[83] 杜雯. 离子型稀土原地浸矿工艺对环境影响的研究 [J]. 有色金属科学与工程, 2001, 15 (1): 41~44.

[84] 李天煜. 南方离子型稀土矿开发中的资源环境问题与对策 [J]. 国土与自然资源研究, 2003, 1 (3): 42~44.

[85] 张念, 刘祖文, 郭云, 等. 浸矿废水中总氮测量的影响因素及相关对策 [J]. 工业水处理, 2016 (5).

[86] 高强, 巨晓棠, 张福锁. 几种新型氮肥对叶菜硝酸盐累积和土壤硝态氮淋洗的影响 [J]. 水土保持学报, 2007, 21 (1): 9~13.

[87] 中国环境保护部. HJ 634-2012, 土壤氨氮、亚硝酸盐氮、硝酸盐氮的测定氯化钾溶液提取-分光光度法 [S]. 北京: 中国环境科学出版社, 2012.

[88] 郝芳华, 孙雯, 曾阿妍, 等. HYDRUS-1D 模型对河套灌区不同灌施情景下氮素迁移的模拟 [J]. 环境科学学报, 2008, 8 (5): 853~857.

[89] 刘祖文, 张念, 徐春燕, 等. 一种研究离子型稀土矿中氮素迁移转化规律的试验装置及方法. 中国: 201510965670. 1 [P].

[90] 武晓峰, 谢森传. 冬小麦田间根层中氮素迁移转化规律研究 [J]. 灌溉排水 1996, 1 (4): 10~15.

[91] 毕经伟, 张佳宝, 陈效民, 等. 应用 HYDRUS-1D 模型模拟农田土壤水渗漏及硝态氮淋失特征 [J]. 生态与农村环境学报, 2004, 20 (2): 28~32.

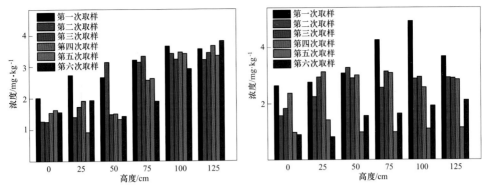

图 6 一号柱 (pH 值为 5, 浓度 1%, v=1.8mL/min)　图 7 二号柱 (pH 值为 7, 浓度 1.5%, v=1.8mL/min)

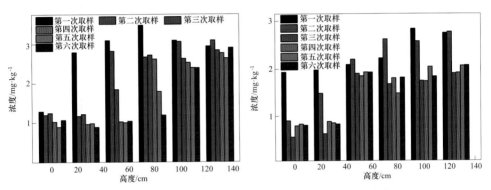

图 8 三号柱 (pH 值为 5, 浓度 1.5%, v=1.8mL/min)　图 9 四号柱 (pH 值为 7, 浓度 1.5%, v=3.6mL/min)

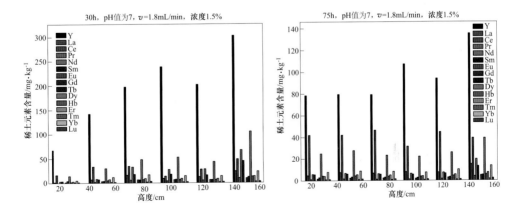

附　录

图 1　足洞矿区地理位置

图 2　稀土矿区环境污染现状

图 3　装置整体示意图　　　　图 4　种植试验装置　　　　图 5　模拟土柱试验装置

国环境科学出版社，2011.

[108] 钱晓晴，沈其荣，王娟娟，等. 络合稀土对土壤氮素转化及作物生长的影响 [J]. 南京农业大学学报，2000，23（3）：41~44.

[109] 朱强. 南方离子型稀土原地浸矿土壤氮化物淋溶规律研究 [D]. 赣州：江西理工大学，2013.

[110] 张念. 淋溶条件下离子型稀土矿区土壤中氮素迁移转化规律研究 [D]. 赣州：江西理工大学，2016.

[111] 温春辉. 离子型稀土矿区土壤中稀土元素对氮化物影响与交互作用研究 [D]. 赣州：江西理工大学，2017.

[112] 徐春燕. 离子型稀土土壤铵态氮迁移与转化规律研究 [D]. 赣州：江西理工大学，2017.

[92] Dontsova K M, Norton L D, Johnston C T. Calcium and magnesium effects on ammonia adsorption by soil clays[J]. Soil Science Society of America Journal, 2005, 69 (4): 1225~1232.

[93] 高华喜, 闻敏杰. 工程地质学 [M]. 北京: 海洋出版社, 2013.

[94] 龙怀玉, 蒋以超, 李韵珠. 褐土和潮土 K$^+$ 吸附动力学研究 [J]. 土壤学报, 2000, 37 (4): 563~568.

[95] Ho Y S. Review of second-order models for adsorption systems. [J]. Journal of Hazardous Materials, 2006, 136 (3): 681~689.

[96] Kango S, Kumar R. Low-cost magnetic adsorbent for As (III) removal from water: adsorption kinetics and isotherms. [J]. Environmental Monitoring & Assessment, 2016, 188 (1): 1~14.

[97] Al-Anber M A. Adsorption of ferric ions onto natural feldspar: kinetic modeling and adsorption isotherm [J]. International Journal of Environmental Science & Technology, 2015, 12 (1): 139~150.

[98] Adeogun A I, Babu R B. One-step synthesized calcium phosphate-based material for the removal of alizarin S dye from aqueous solutions: isothermal, kinetics, and thermodynamics studies [J]. Applied Nanoscience, 2015, 1 (1): 1~13.

[99] Balci S. Nature of ammonium ion adsorption by sepiolite: analysis of equilibrium data with several isotherms. [J]. Water Research, 2004, 38 (5): 1129~1138.

[100] 史红星, 刘会娟, 曲久辉, 等. 无机矿质颗粒悬浮物对富营养化水体氨氮的吸附特性 [J]. 环境科学, 2005, 26 (5): 72~76.

[101] 袁东海, 高士祥, 景丽洁, 等. 几种黏土矿物和黏土对溶液中磷的吸附效果 [J]. 生态与农村环境学报, 2004, 20 (4): 60~63.

[102] Widiastuti N, Wu H W, Ang H M, et al. Removal of ammonium from greywater using natural zeolite [J]. Desalination, 2011, 27 (7): 15~23.

[103] 杨帅. 离子型稀土矿开采过程中氨氮吸附解吸行为研究 [D]. 北京: 中国地质大学, 2015.

[104] Nommik H. Ammonium fixation and other reactions involving a nonenzymatic immobilization of mineral nitrogen in soil [J]. Soil Nitrogen, 1965.

[105] 张杨珠, 黄顺红, 万大娟, 等. 湖南主要耕地土壤的固定态铵含量与最大固铵容量 [J]. 中国农业科学, 2006, 39 (9): 1836~1845.

[106] 罗才贵, 罗仙平, 周娜娜, 等. 南方废弃稀土矿区生态失衡状况及其成因 [J]. 中国矿业, 2014, 3 (10): 65~70.

[107] 中国环境保护部. HJ613-2011, 土壤干物质和水分的测定——重量法 [S]. 北京: 中

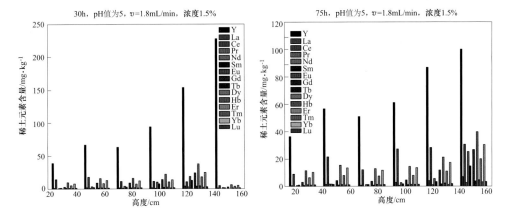

图 10 不同 pH值土壤柱中稀土元素含量

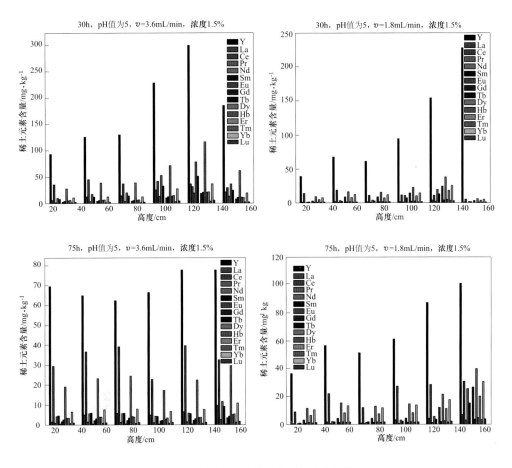

图 11 不同速度下土壤柱中稀土元素含量

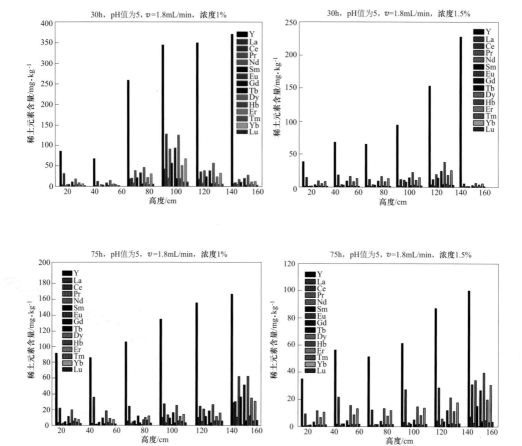

图 12 不同浸液浓度土壤柱中稀土元素含量